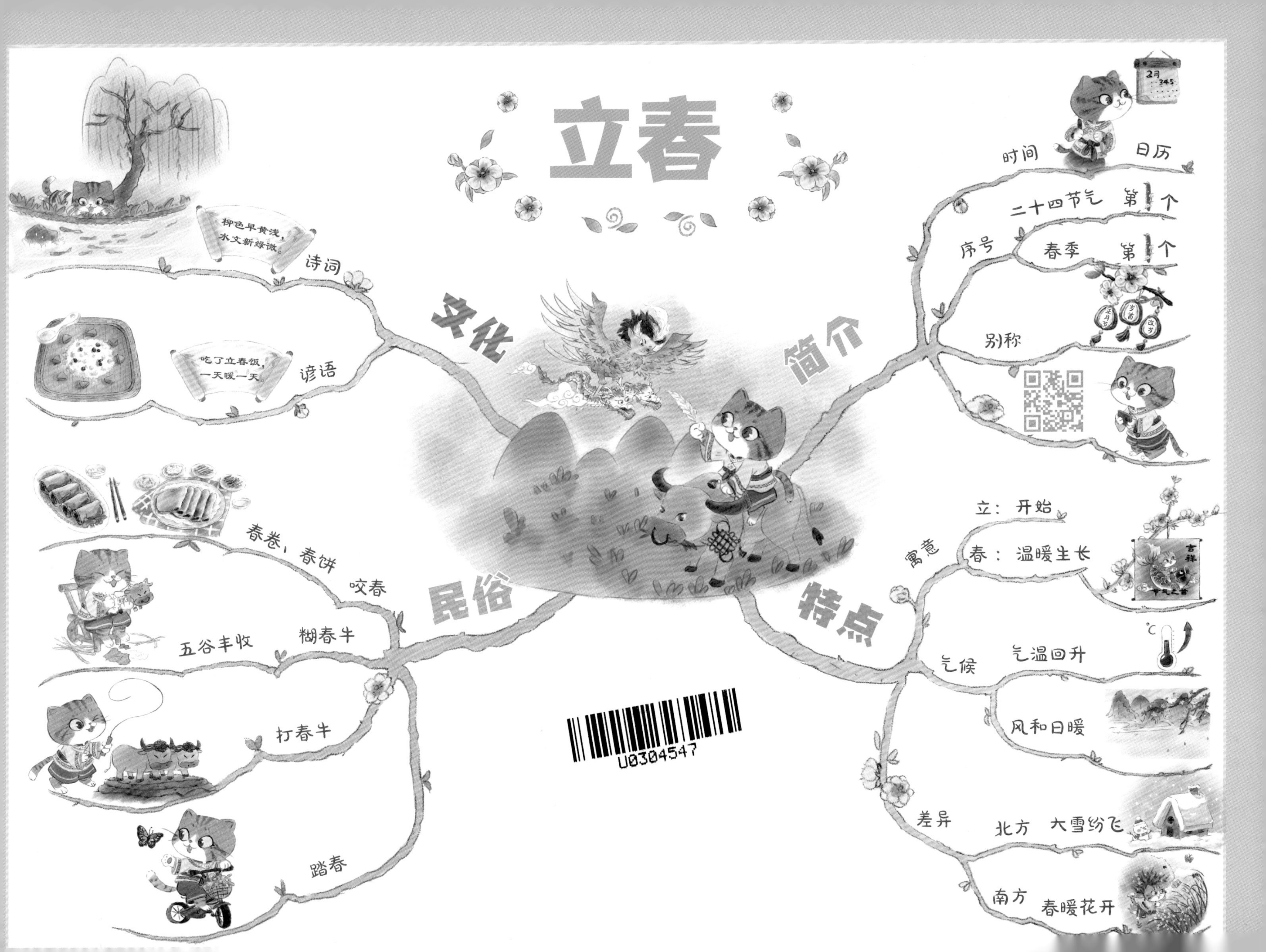
立春
简介
时间
日历
序号
二十四节气
第 个
春季
第 个
别称
文化
诗词
柳色早黄浅，
水文新绿微。
谚语
吃了立春饭，
一天暖一天。
民俗
咬春
春卷、春饼
糊春牛
五谷丰收
打春牛
踏春
特点
寓意
立：开始
春：温暖生长
气候
气温回升
风和日暖
差异
北方
大雪纷飞
南方
春暖花开

雨水
好雨知时节，
当春乃发生。
随风潜入夜，
润物细无声。
诗词
七九河开，
八九雁来。
谚语
文化
时间
日历
二十四节气 第2个
序号
春季 第2个
简介
甘蔗
收割
农事
耕翻
育苗
灌水
植秧苗床
降水开始
寓意
雨量增加
特点
气温回升
气候
日光温暖
小雨
毛毛雨
差异
北方 晨时有露霜
南方 春意盎然

带你走进中华二十四节气

马　彦 文　钟钟插画工作室 图

图书在版编目（CIP）数据

手绘思维导图：带你走进中华二十四节气 / 马彦文；
钟钟插画工作室图 — 昆明：晨光出版社, 2023.8
ISBN 978-7-5715-1792-2

Ⅰ.①手… Ⅱ.①马… Ⅲ.①二十四节气 - 儿童读物
Ⅳ.①P462-49

中国版本图书馆CIP数据核字(2022)第258665号

带你走进中华二十四节气

DAINI ZOUJIN ZHONGHUA ERSHISI JIEQI

马 彦 文 钟钟插画工作室 图

编 委

出 版 人  杨旭恒

策 划 黄 楠 钱 鑫
责任编辑 钱 鑫 许晨悦 陈 卓
装帧设计 唐 剑 陈 蒙
封面插画 钟钟插画工作室
责任印制 廖颖坤

邮 编 650034
地 址 昆明市环城西路609号新闻出版大楼
电 话 0871-64186745（发行部）
0871-64186270（发行部）
法律顾问 云南上首律师事务所 杜晓秋

排 版 云南安书文化传播有限公司
印 装 云南金伦云印实业股份有限公司
版 次 2023年8月第1版
印 次 2023年8月第1次印刷
书 号 ISBN 978-7-5715-1792-2
开 本 889mm×1194mm 16开
印 张 4.25
字 数 65千
定 价 78.00元

晨光图书专营店：http://cgts.tmall.com

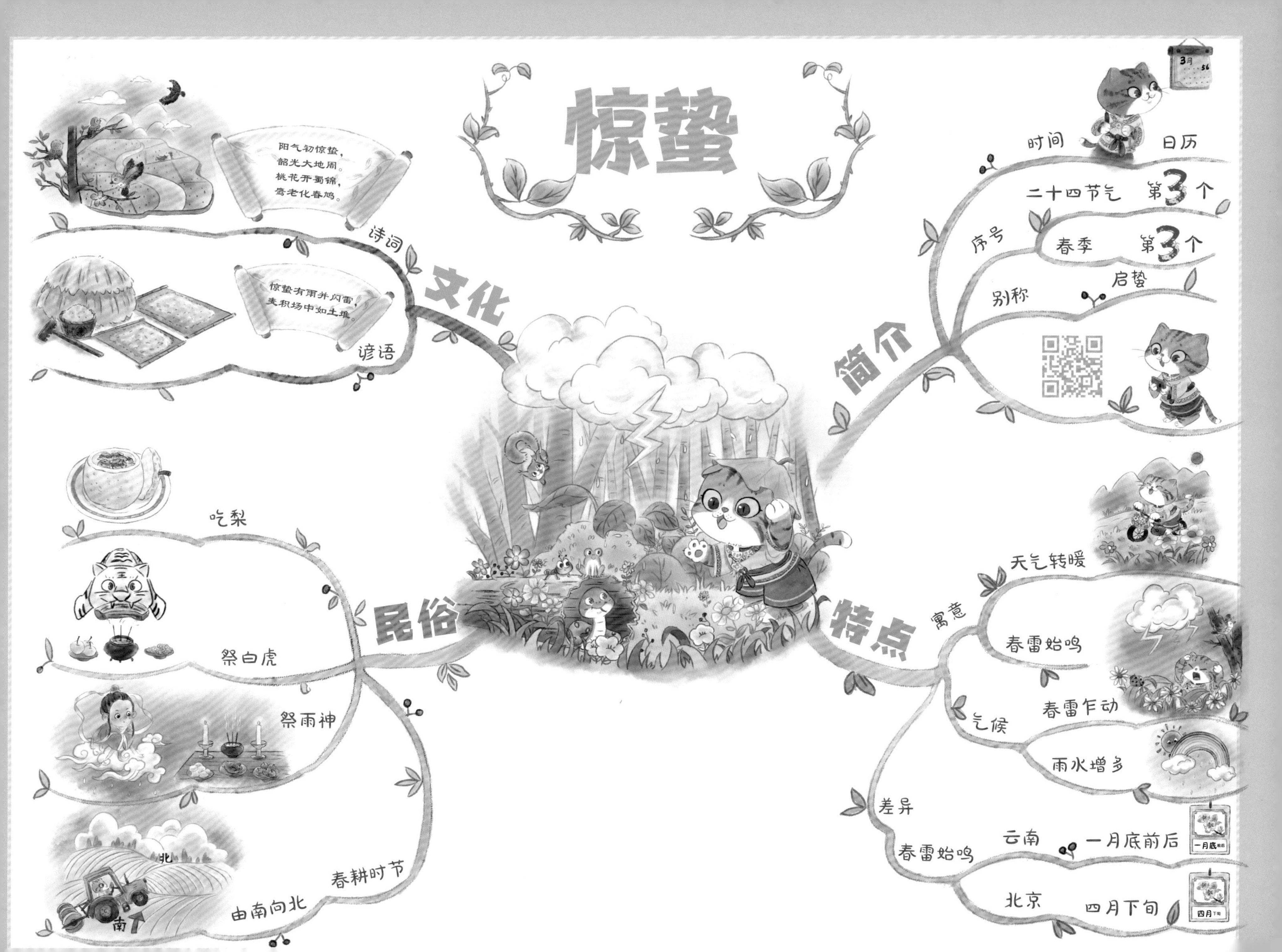

惊蛰
文化
诗词
阳气初惊蛰，
韶光大地周。
桃花开蜀锦，
鹰老化春鸠。
谚语
惊蛰有雨并闪雷，
麦积场中如土堆。
简介
时间
日历
3月
二十四节气 第3个
序号
春季 第3个
别称
启蛰
民俗
吃梨
祭白虎
祭雨神
春耕时节
由南向北
北
南
特点
寓意
天气转暖
春雷始鸣
气候
春雷乍动
雨水增多
差异
春雷始鸣
云南
一月底前后
北京
四月下旬

春分
文化
诗词
春眠不觉晓，
处处闻啼鸟。
夜来风雨声，
花落知多少。
谚语
春分
春分
春分有雨是丰年
简介
时间
日历
3月
19 20 21 22
序号
二十四节气 第4个
春季 第4个
别称
仲春之月
民俗
竖蛋
吃春菜
应季野菜
莴笋
香椿
送春牛
放风筝
春
特点
寓意
春：春季
分：一分为二
昼夜平分
季节平分
气候
春旱
倒春寒
差异
北方
寒冷冬天
南方
明媚春天

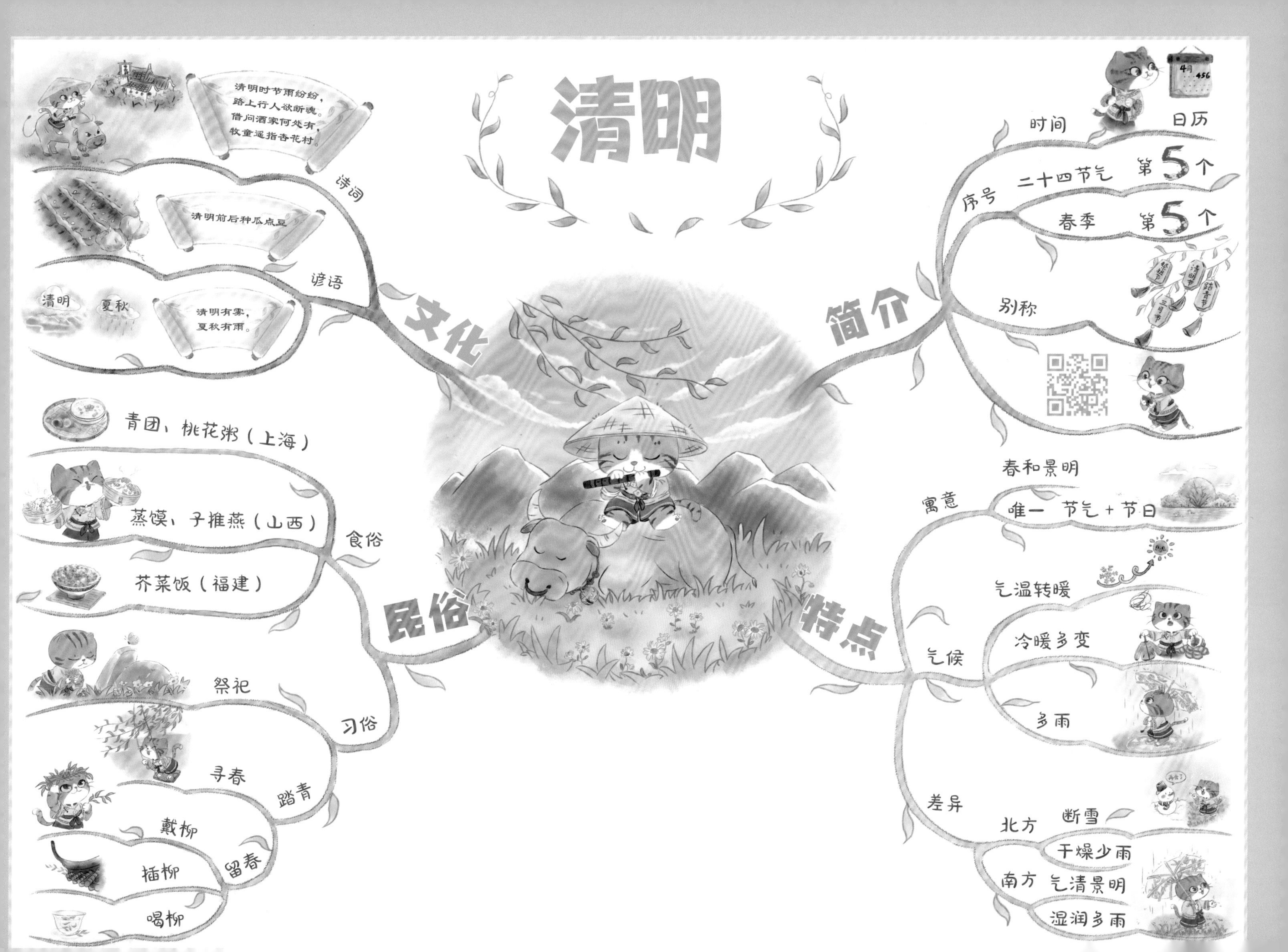
清明
文化
诗词
清明时节雨纷纷，
路上行人欲断魂。
借问酒家何处有，
牧童遥指杏花村。
谚语
清明前后种瓜点豆
清明
夏秋
清明有雾，
夏秋有雨。
简介
时间
日历
序号
二十四节气 第5个
春季 第5个
别称
民俗
食俗
青团、桃花粥（上海）
蒸馍、子推燕（山西）
芥菜饭（福建）
习俗
祭祀
寻春
踏青
戴柳
插柳
留春
喝柳
特点
寓意
春和景明
唯一 节气＋节日
气候
气温转暖
冷暖多变
多雨
差异
北方
断雪
干燥少雨
南方
气清景明
湿润多雨

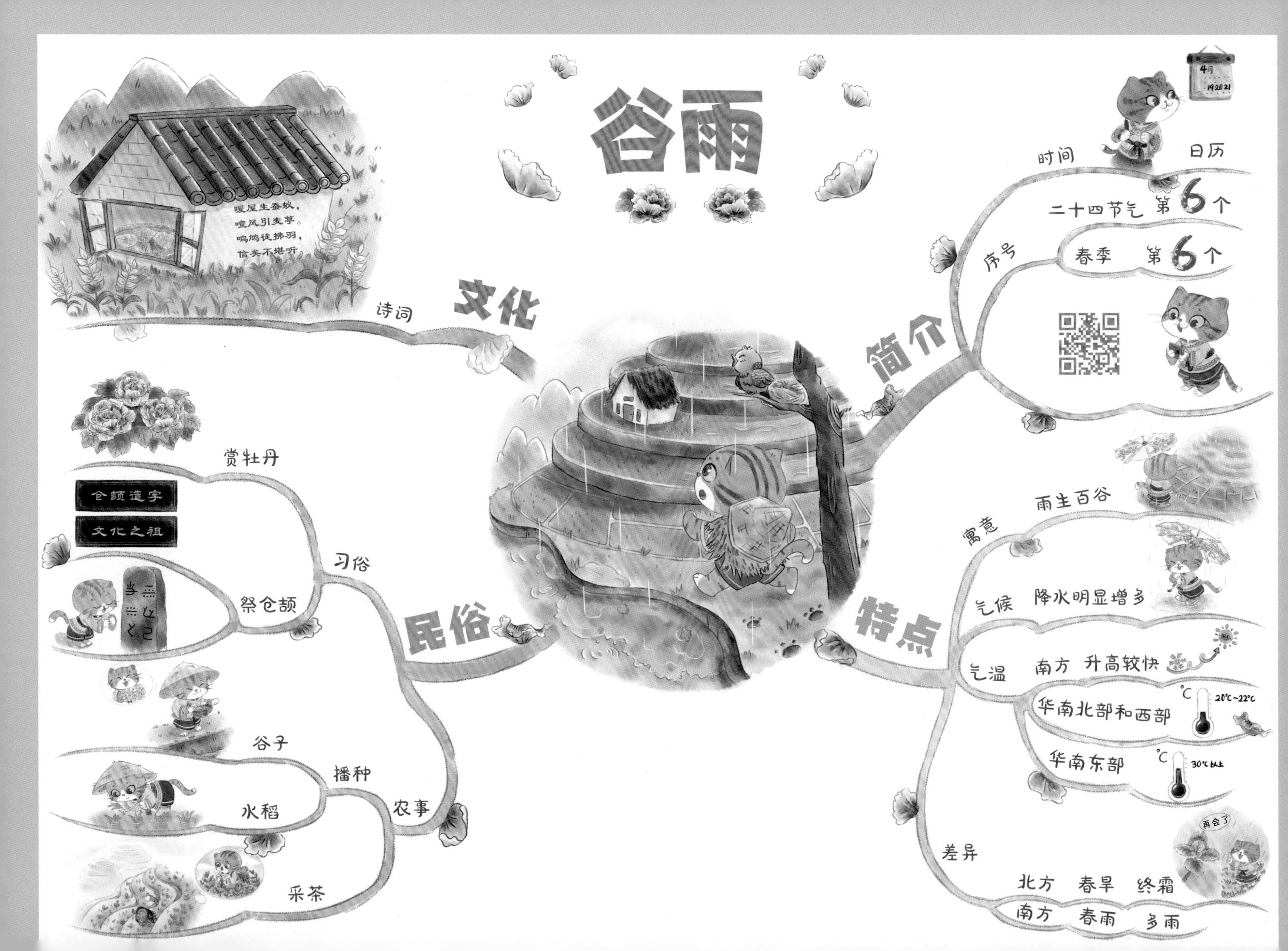
谷雨
文化
诗词
暖屋生蚕蚁，
喧风引麦葶。
鸣鸠徒拂羽，
信矣不堪听。
简介
时间
日历
4月
19 20 21
序号
二十四节气 第6个
春季 第6个
民俗
习俗
赏牡丹
仓颉造字
文化之祖
祭仓颉
农事
播种
谷子
水稻
采茶
特点
寓意
雨生百谷
气候
降水明显增多
气温
南方 升高较快
华南北部和西部
20℃~22℃
华南东部
30℃以上
差异
北方 春旱 终霜
南方 春雨 多雨
再会了

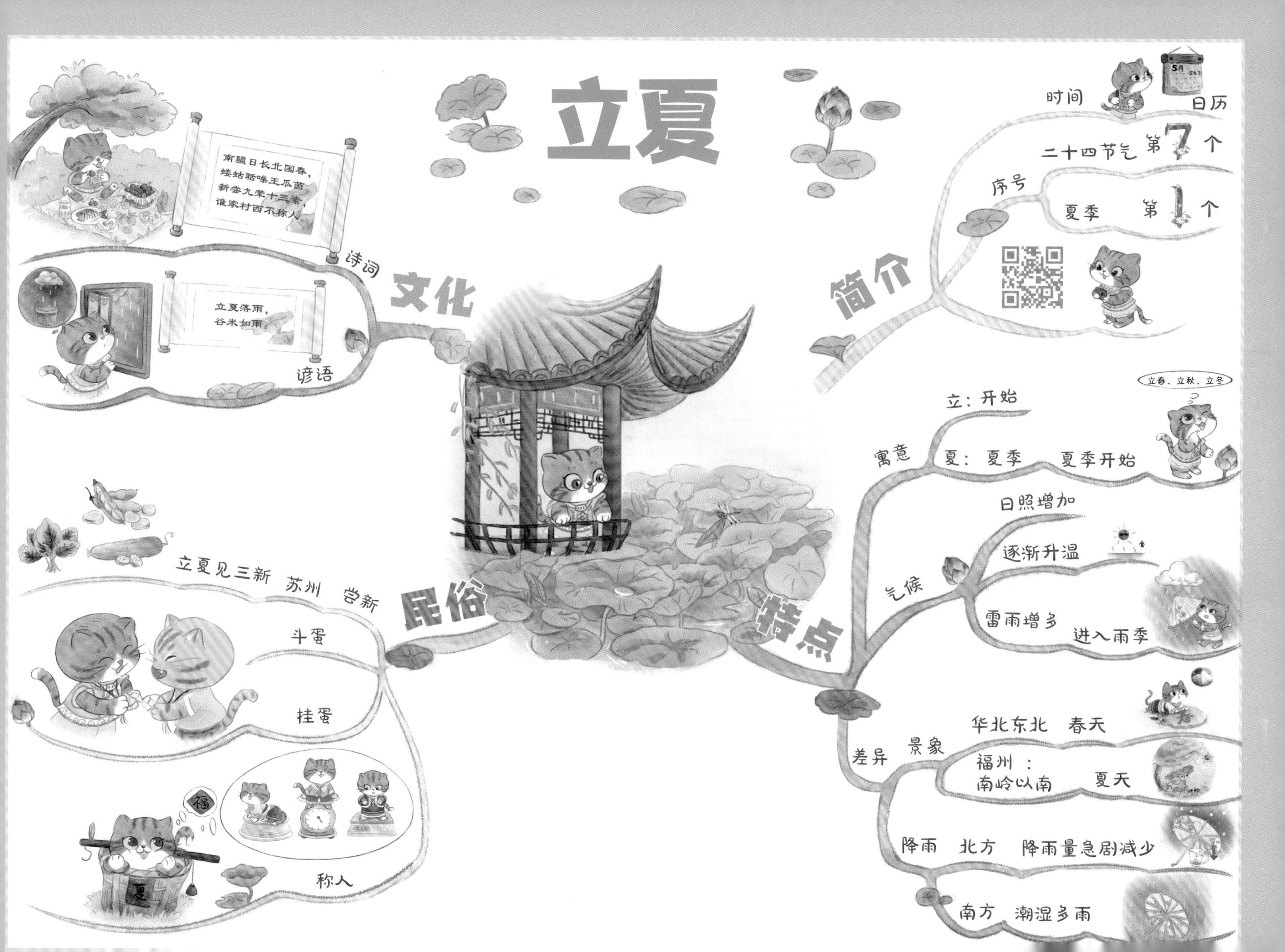
立夏
简介
时间
日历
序号
二十四节气 第7个
夏季 第1个
特点
寓意
立：开始
夏：夏季 夏季开始
立春、立秋、立冬
气候
日照增加
逐渐升温
雷雨增多 进入雨季
差异
景象
华北东北 春天
福州：南岭以南 夏天
降雨 北方 降雨量急剧减少
南方 潮湿多雨
文化
诗词
南疆日长北国春，
蝼蛄聒噪王瓜茵。
新尝九荤十三素，
谁家村西不称人。
谚语
立夏落雨，
谷米如雨。
民俗
立夏见三新 苏州 尝新
斗蛋
挂蛋
称人
福
夏

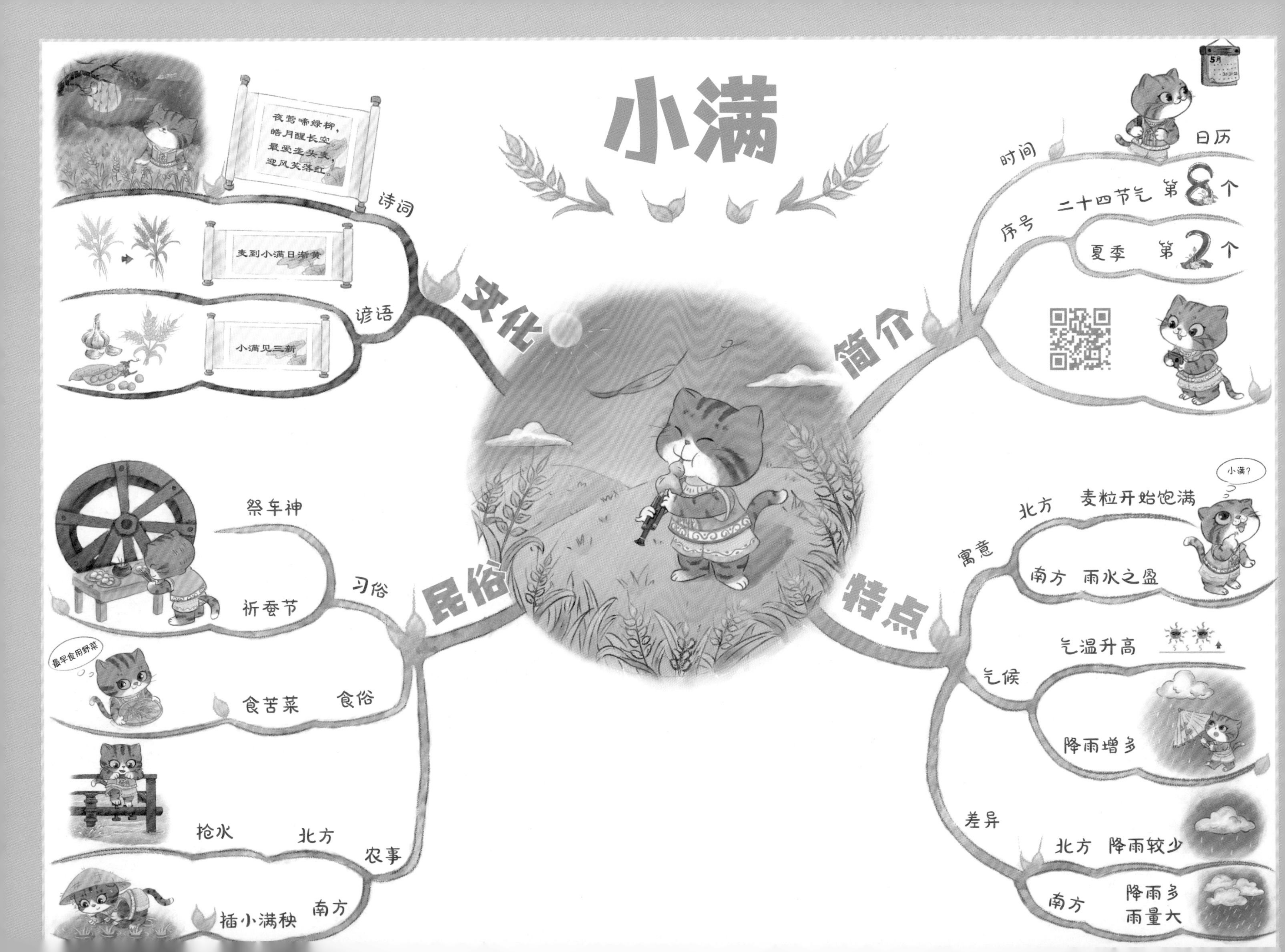

小满
文化
诗词
夜莺啼绿柳，
皓月醒长空。
最爱垄头麦，
迎风笑落红。
谚语
麦到小满日渐黄
小满见三新
简介
时间
日历
5月
序号
二十四节气 第8个
夏季 第2个
民俗
习俗
祭车神
祈蚕节
食俗
最早食用野菜
食苦菜
农事
北方
抢水
南方
插小满秧
特点
寓意
小满？
北方 麦粒开始饱满
南方 雨水之盈
气候
气温升高
降雨增多
差异
北方 降雨较少
南方 降雨多
雨量大

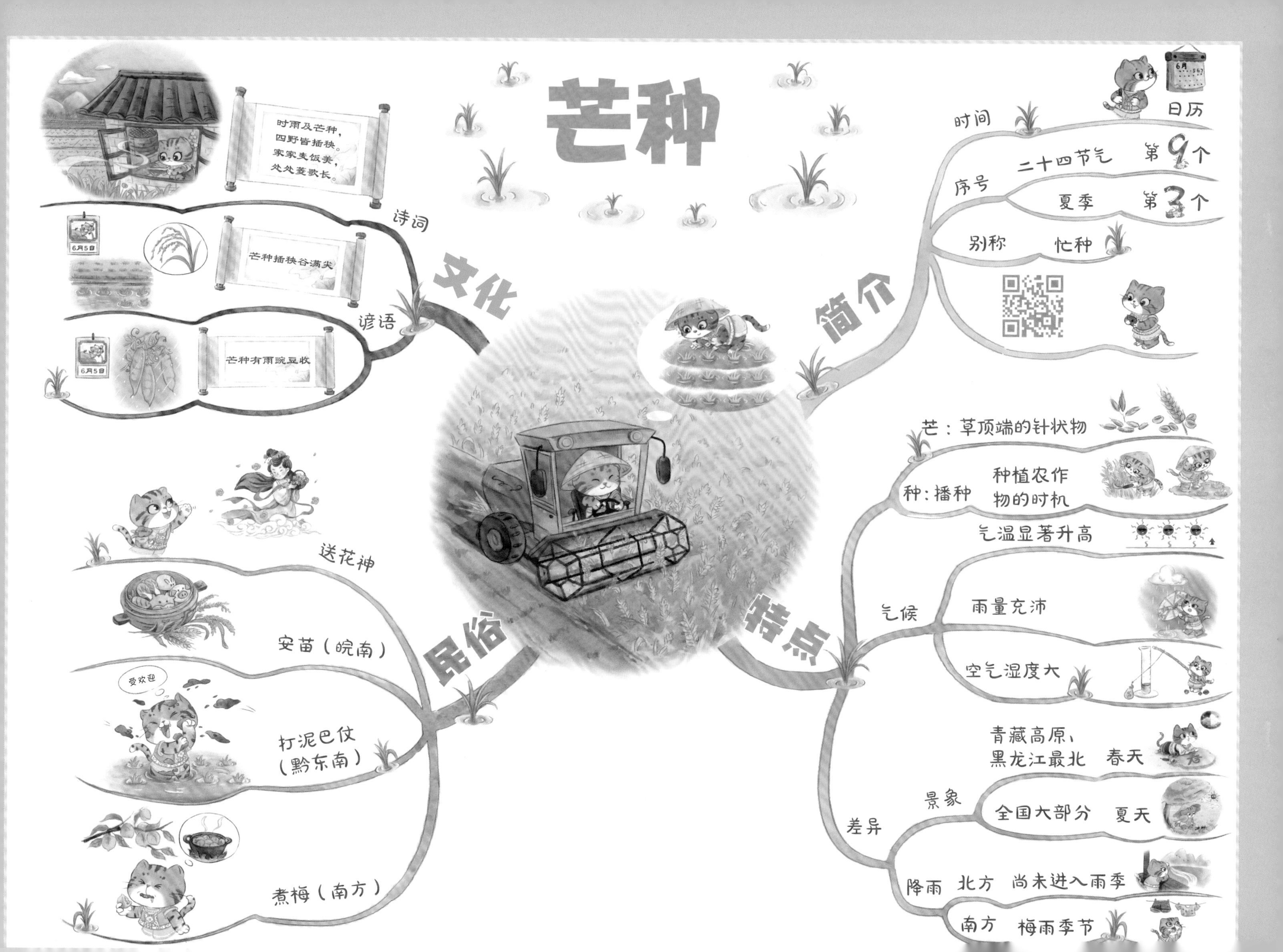
芒种
时雨及芒种，
四野皆插秧。
家家麦饭美，
处处菱歌长。
诗词
文化
6月5日
芒种插秧谷满尖
谚语
6月5日
芒种有雨豌豆收
时间
日历
序号
二十四节气
第9个
夏季
第3个
别称
忙种
简介
芒：草顶端的针状物
种：播种
种植农作
物的时机
气温显著升高
气候
雨量充沛
空气湿度大
特点
青藏高原、
黑龙江最北
春天
景象
全国大部分
夏天
差异
降雨
北方
尚未进入雨季
南方
梅雨季节
送花神
安苗（皖南）
民俗
受欢迎
打泥巴仗
（黔东南）
煮梅（南方）

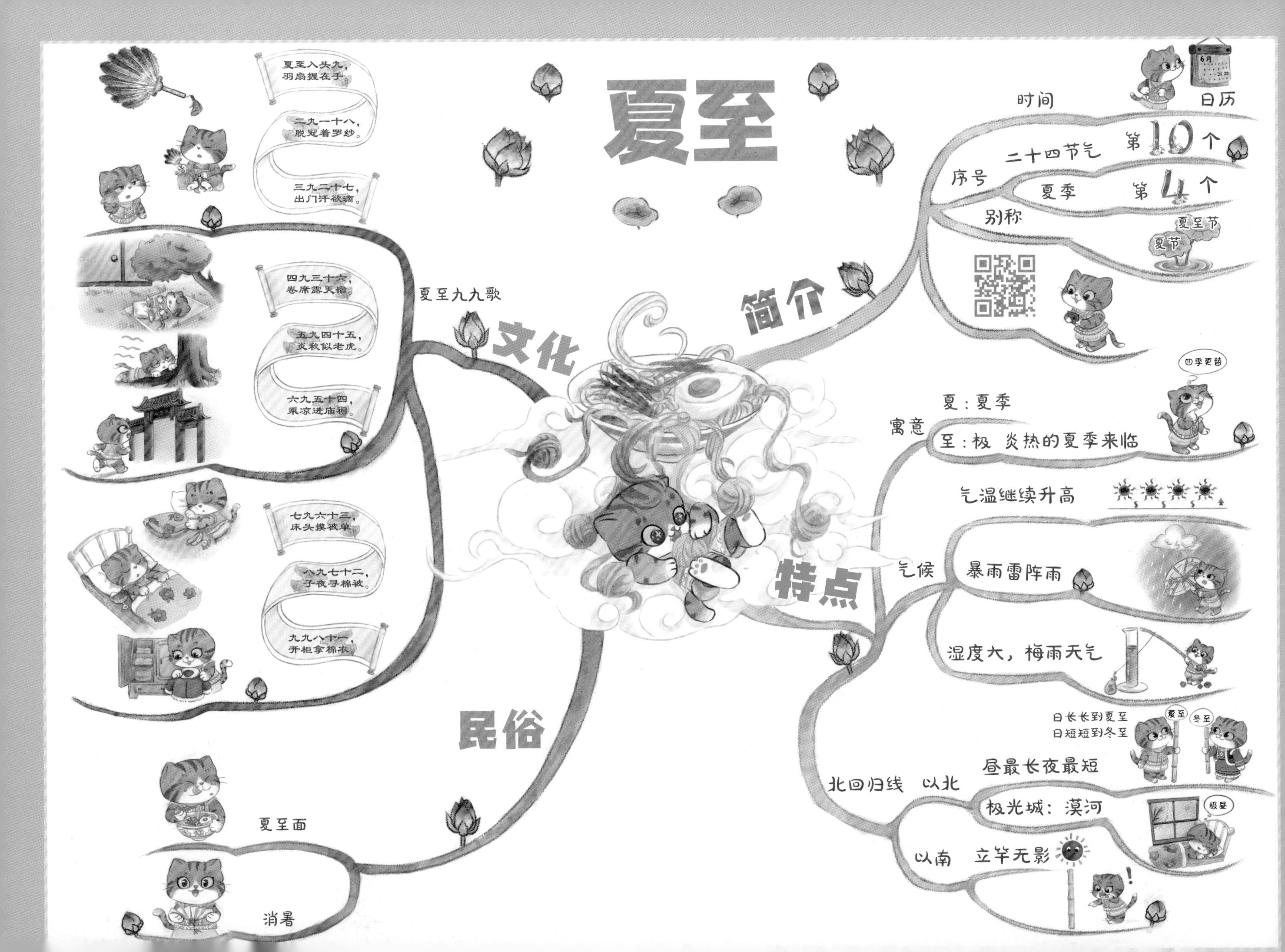
夏至
简介
时间
日历
6月
21 22
序号
二十四节气
第10个
夏季
第4个
别称
夏至节
夏节
特点
寓意
夏：夏季
至：极 炎热的夏季来临
四季更替
气温继续升高
气候
暴雨雷阵雨
湿度大，梅雨天气
日长长到夏至
日短短到冬至
夏至
冬至
北回归线 以北
昼最长夜最短
极光城：漠河
极昼
以南
立竿无影
!
文化
夏至九九歌
夏至入头九，
羽扇握在手。
二九一十八，
脱冠着罗纱。
三九二十七，
出门汗欲滴。
四九三十六，
卷席露天宿。
五九四十五，
炎秋似老虎。
六九五十四，
乘凉进庙祠。
七九六十三，
床头摸被单。
八九七十二，
子夜寻棉被。
九九八十一，
开柜拿棉衣。
民俗
夏至面
消暑

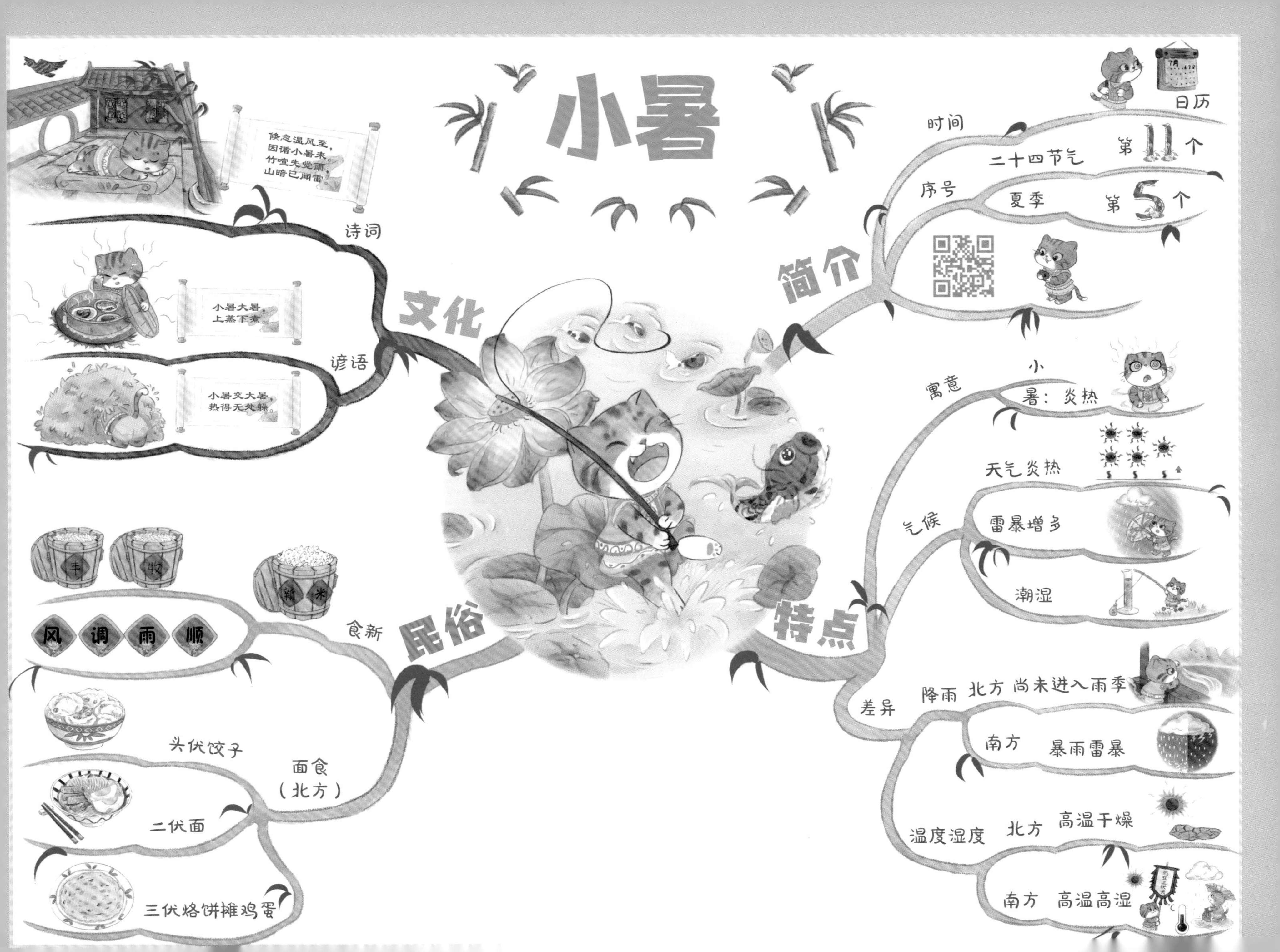
小暑
文化
诗词
倏忽温风至，
因循小暑来。
竹喧先觉雨，
山暗已闻雷。
谚语
小暑大暑，
上蒸下煮。
小暑交大暑，
热得无处躲。
简介
时间
日历
序号
二十四节气
第11个
夏季
第5个
特点
寓意
小
暑：炎热
气候
天气炎热
雷暴增多
潮湿
差异
降雨
北方
尚未进入雨季
南方
暴雨雷暴
温度湿度
北方
高温干燥
南方
高温高湿
民俗
食新
丰
收
新
米
风
调
雨
顺
面食
（北方）
头伏饺子
二伏面
三伏烙饼摊鸡蛋

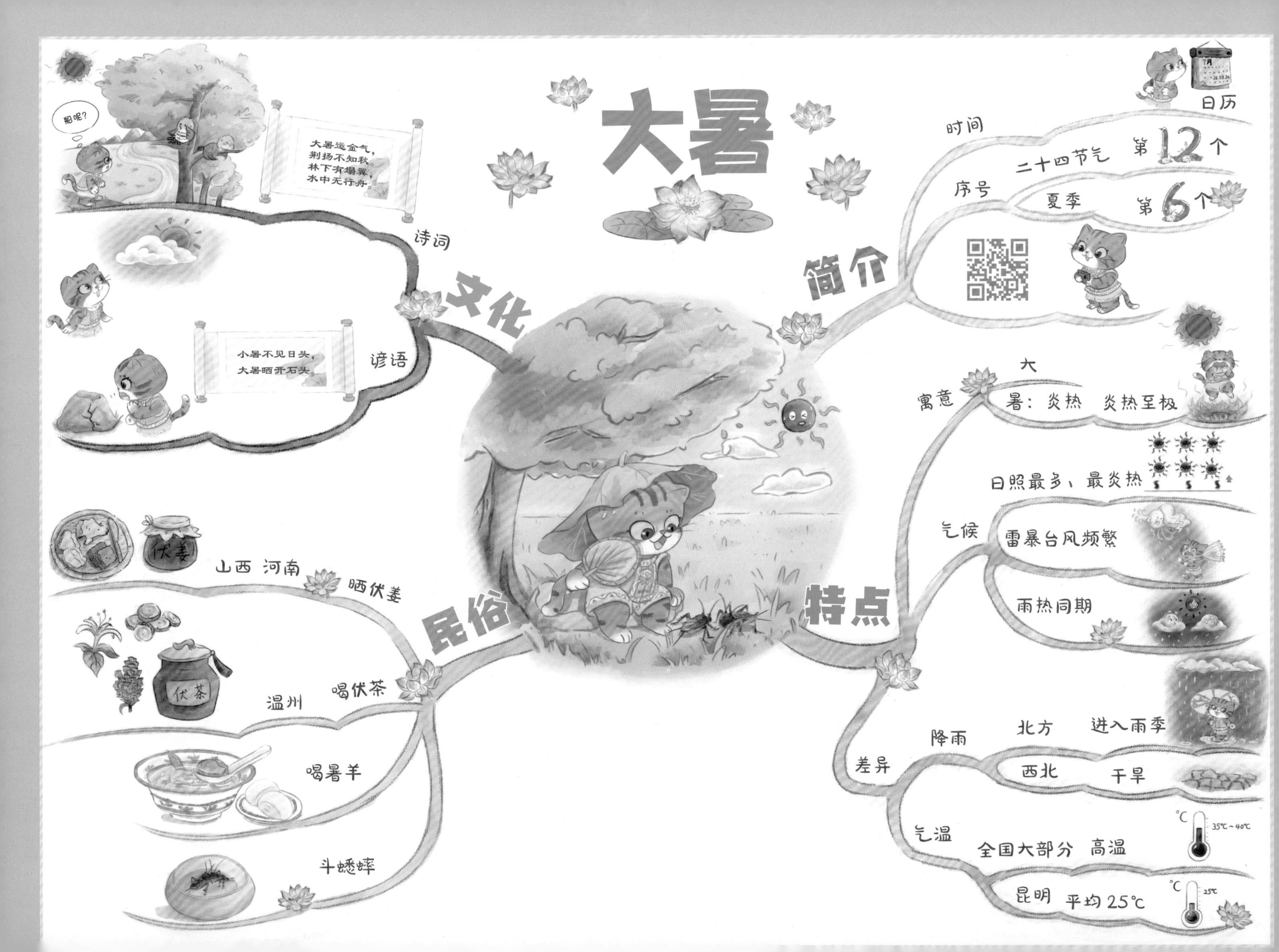
大暑
船呢？
大暑运金气，
荆扬不知秋。
林下有塌翼，
水中无行舟。
诗词
文化
小暑不见日头，
大暑晒开石头。
谚语
简介
时间
日历
序号
二十四节气 第12个
夏季 第6个
寓意
大
暑：炎热 炎热至极
日照最多、最炎热
气候
雷暴台风频繁
雨热同期
特点
差异
降雨
北方 进入雨季
西北 干旱
气温
全国大部分 高温
35℃～40℃
昆明 平均25℃
25℃
民俗
山西 河南 晒伏姜
伏姜
温州 喝伏茶
伏茶
喝暑羊
斗蟋蟀

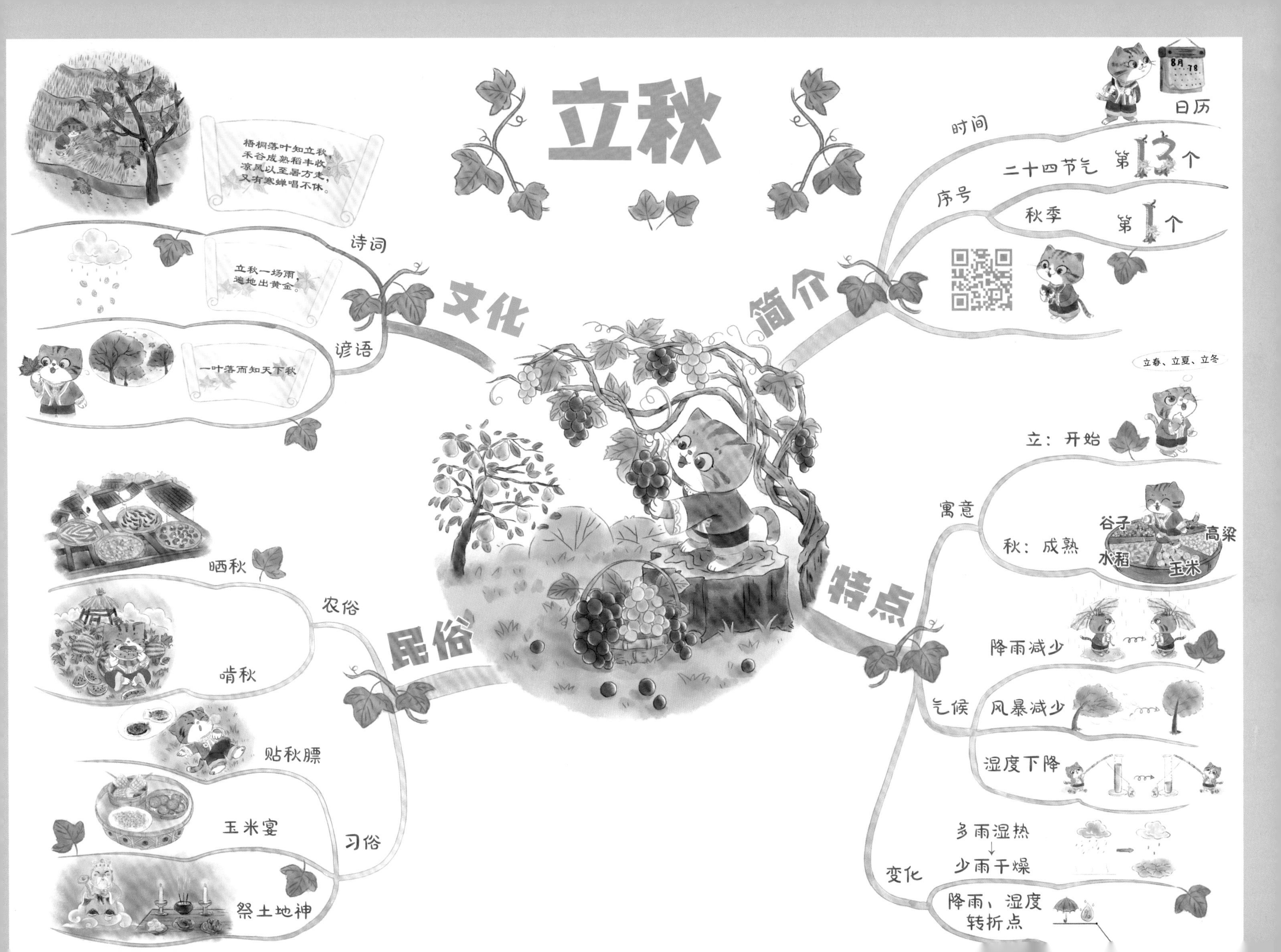

立秋
梧桐落叶知立秋，
禾谷成熟稻丰收。
凉风以至暑方走，
又有寒蝉唱不休。
诗词
立秋一场雨，
遍地出黄金。
文化
谚语
一叶落而知天下秋
日历
时间
二十四节气 第13个
序号
秋季 第1个
简介
立春、立夏、立冬
立：开始
寓意
秋：成熟
谷子
高粱
水稻
玉米
特点
降雨减少
气候
风暴减少
湿度下降
多雨湿热
少雨干燥
变化
降雨、湿度
转折点
晒秋
农俗
民俗
啃秋
贴秋膘
玉米宴
习俗
祭土地神

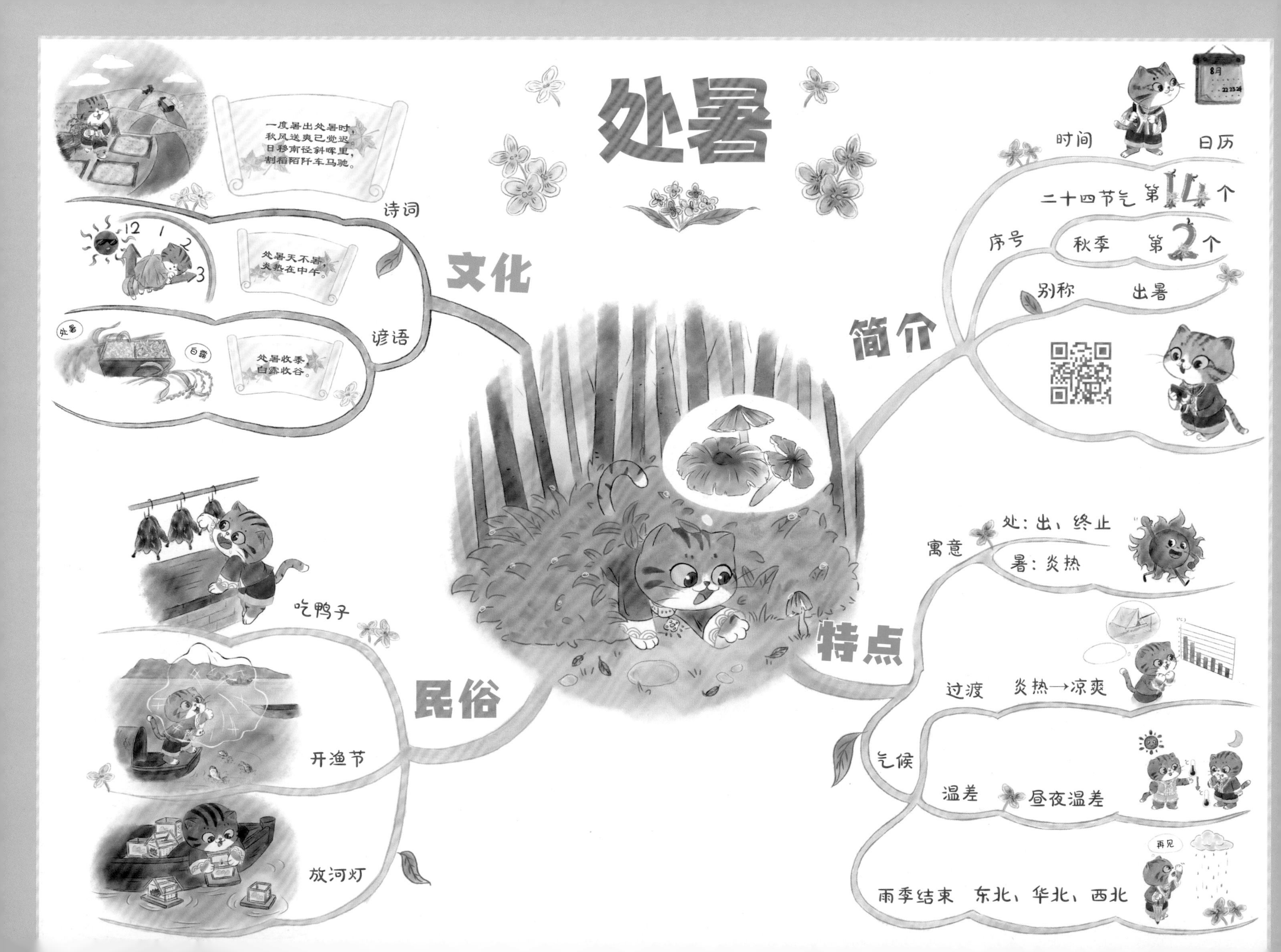
处暑
一度暑出处暑时，
秋风送爽已觉迟。
日移南径斜晖里，
割稻阡陌车马驰。
诗词
处暑天不暑，
炎热在中午。
谚语
处暑收黍，
白露收谷。
文化
时间
日历
二十四节气 第14个
序号
秋季 第2个
别称
出暑
简介
寓意
处：出、终止
暑：炎热
过渡
炎热→凉爽
气候
温差
昼夜温差
雨季结束
东北、华北、西北
再见
特点
吃鸭子
开渔节
放河灯
民俗

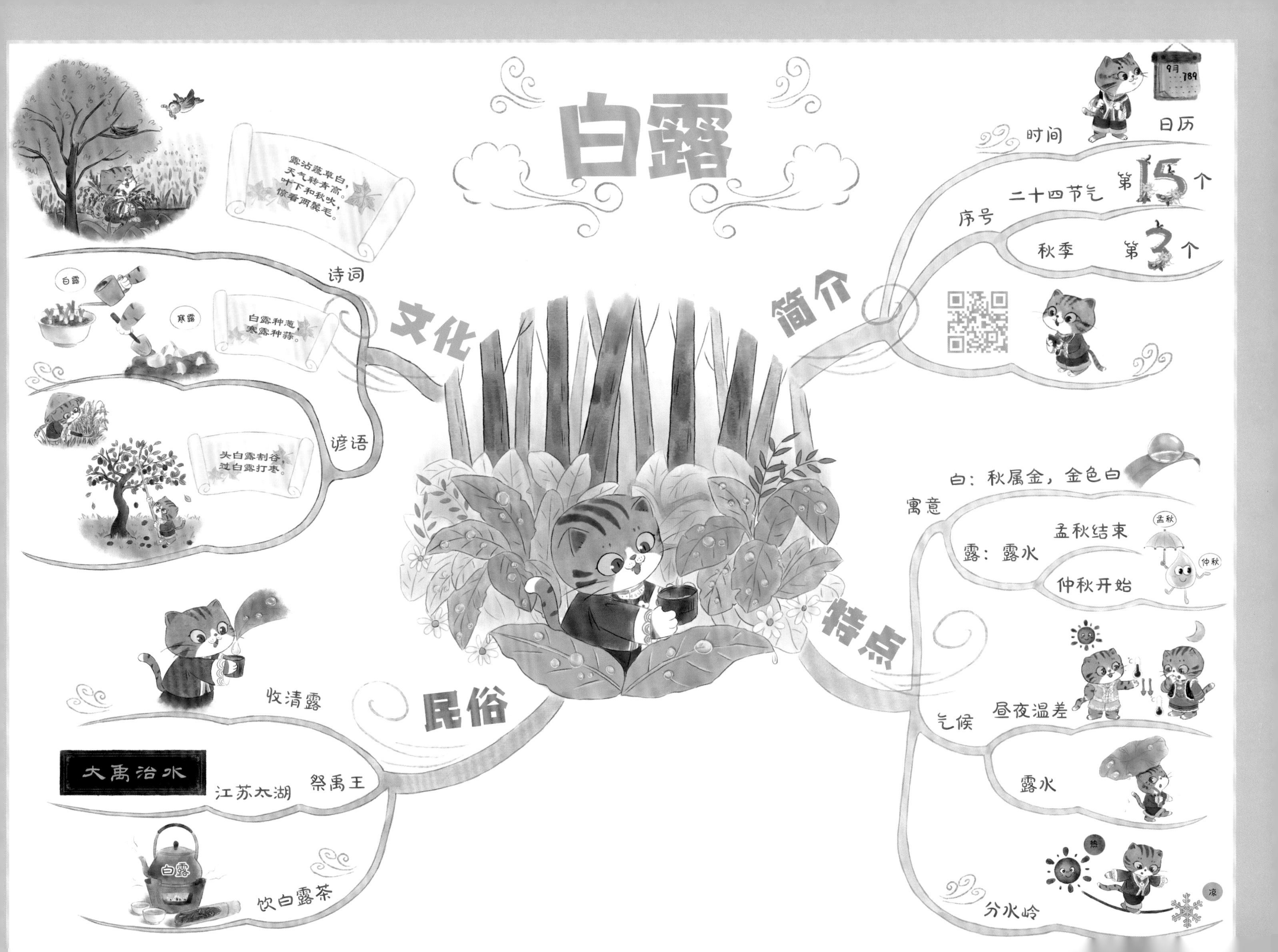
白露
简介
时间
日历
9月
序号
二十四节气
第15个
秋季
第3个
特点
寓意
白：秋属金，金色白
露：露水
孟秋结束
仲秋开始
孟秋
仲秋
气候
昼夜温差
露水
分水岭
热
凉
民俗
收清露
祭禹王
江苏太湖
大禹治水
饮白露茶
白露
文化
诗词
露沾蔬草白，
天气转青高。
叶下和秋吹，
惊看两鬓毛。
白露
寒露
白露种葱，
寒露种蒜。
谚语
头白露割谷，
过白露打枣。

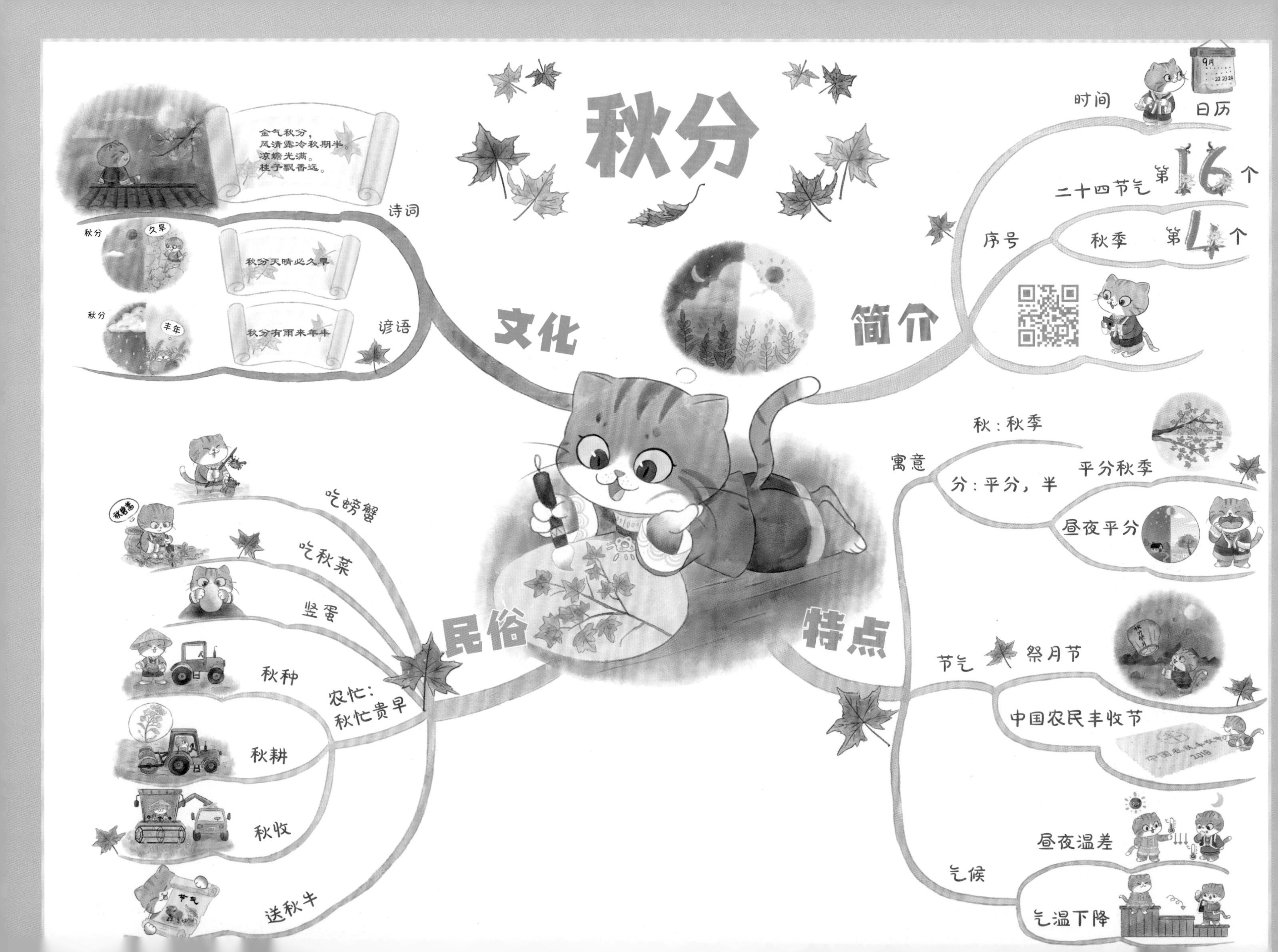

秋分
文化
诗词
金气秋分，
风清露冷秋期半。
凉蟾光满。
桂子飘香远。
谚语
秋分
久旱
秋分天晴必久旱
秋分
丰年
秋分有雨来年丰
简介
时间
日历
序号
二十四节气
第16个
秋季
第4个
特点
寓意
秋：秋季
分：平分，半
平分秋季
昼夜平分
节气
祭月节
中国农民丰收节
气候
昼夜温差
气温下降
民俗
吃螃蟹
吃秋菜
竖蛋
农忙：
秋忙贵早
秋种
秋耕
秋收
送秋牛

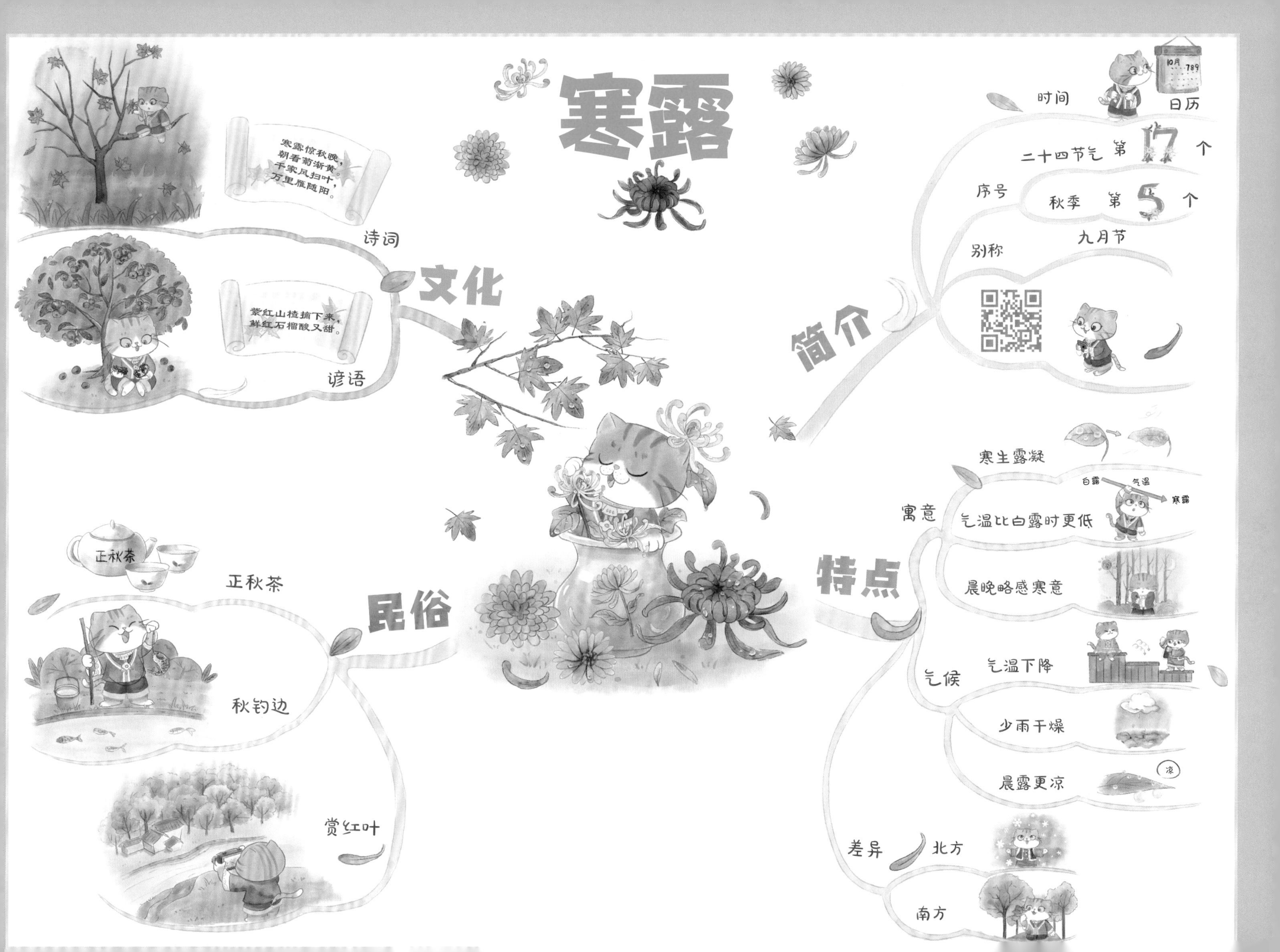

寒露
简介
时间
日历
10月
序号
二十四节气 第17个
秋季 第5个
别称
九月节
特点
寒生露凝
寓意
白露
气温
寒露
气温比白露时更低
晨晚略感寒意
气候
气温下降
少雨干燥
晨露更凉
凉
差异
北方
南方
文化
诗词
寒露惊秋晚，
朝看菊渐黄。
千家风扫叶，
万里雁随阳。
谚语
紫红山楂摘下来，
鲜红石榴酸又甜。
民俗
正秋茶
正秋茶
秋钓边
赏红叶

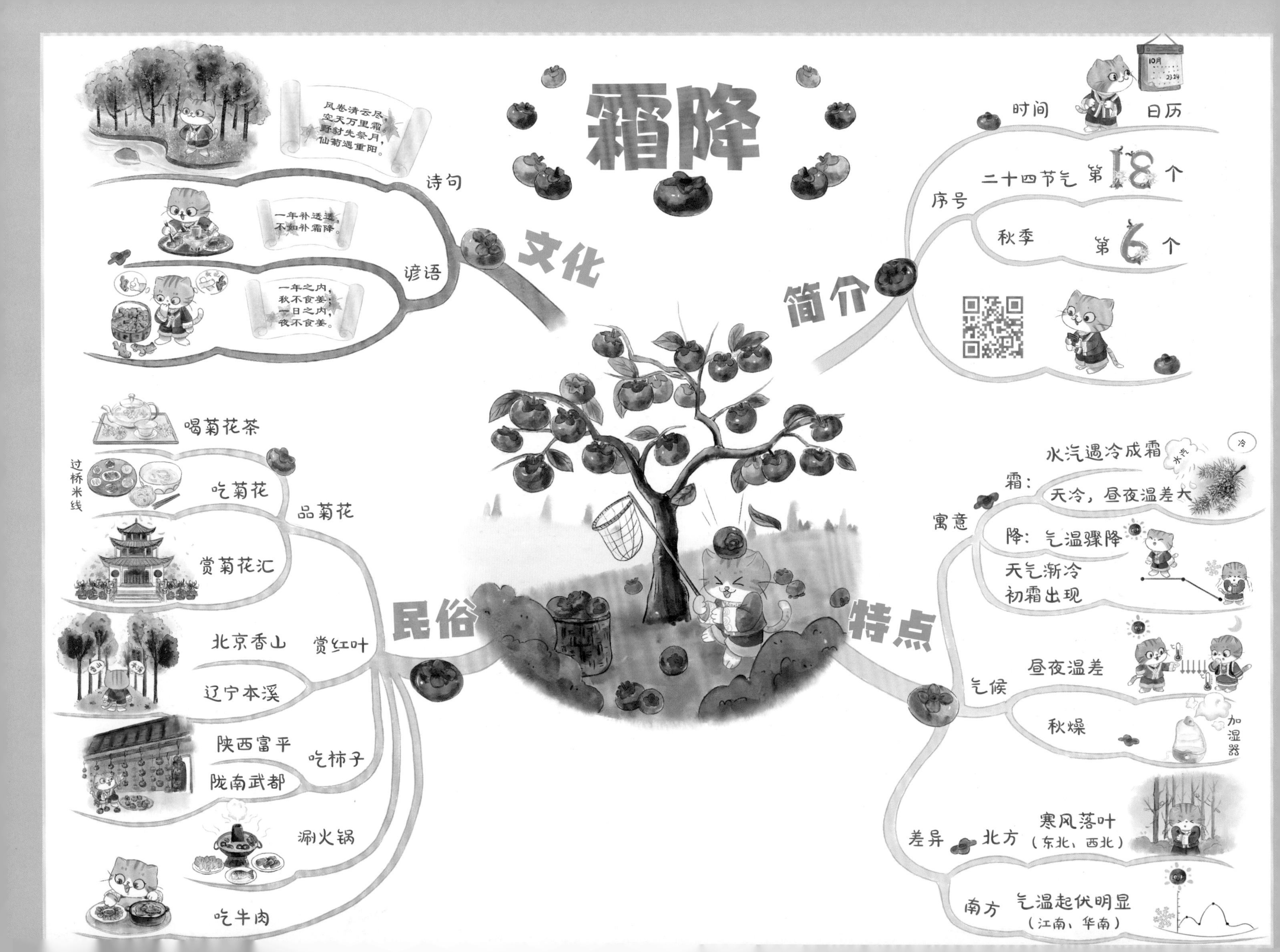

霜降
文化
诗句
风卷清云尽，空天万里霜。野豺先祭月，仙菊遇重阳。
谚语
一年补透透，不如补霜降。
一年之内，秋不食姜；一日之内，夜不食姜。
简介
时间
日历
序号
二十四节气 第18个
秋季 第6个
民俗
喝菊花茶
过桥米线
吃菊花
品菊花
赏菊花汇
北京香山
辽宁本溪
赏红叶
陕西富平
陇南武都
吃柿子
涮火锅
吃牛肉
特点
寓意
霜：
水汽遇冷成霜
天冷，昼夜温差大
降：气温骤降
天气渐冷
初霜出现
气候
昼夜温差
秋燥
加湿器
差异
北方
寒风落叶
（东北、西北）
南方
气温起伏明显
（江南、华南）

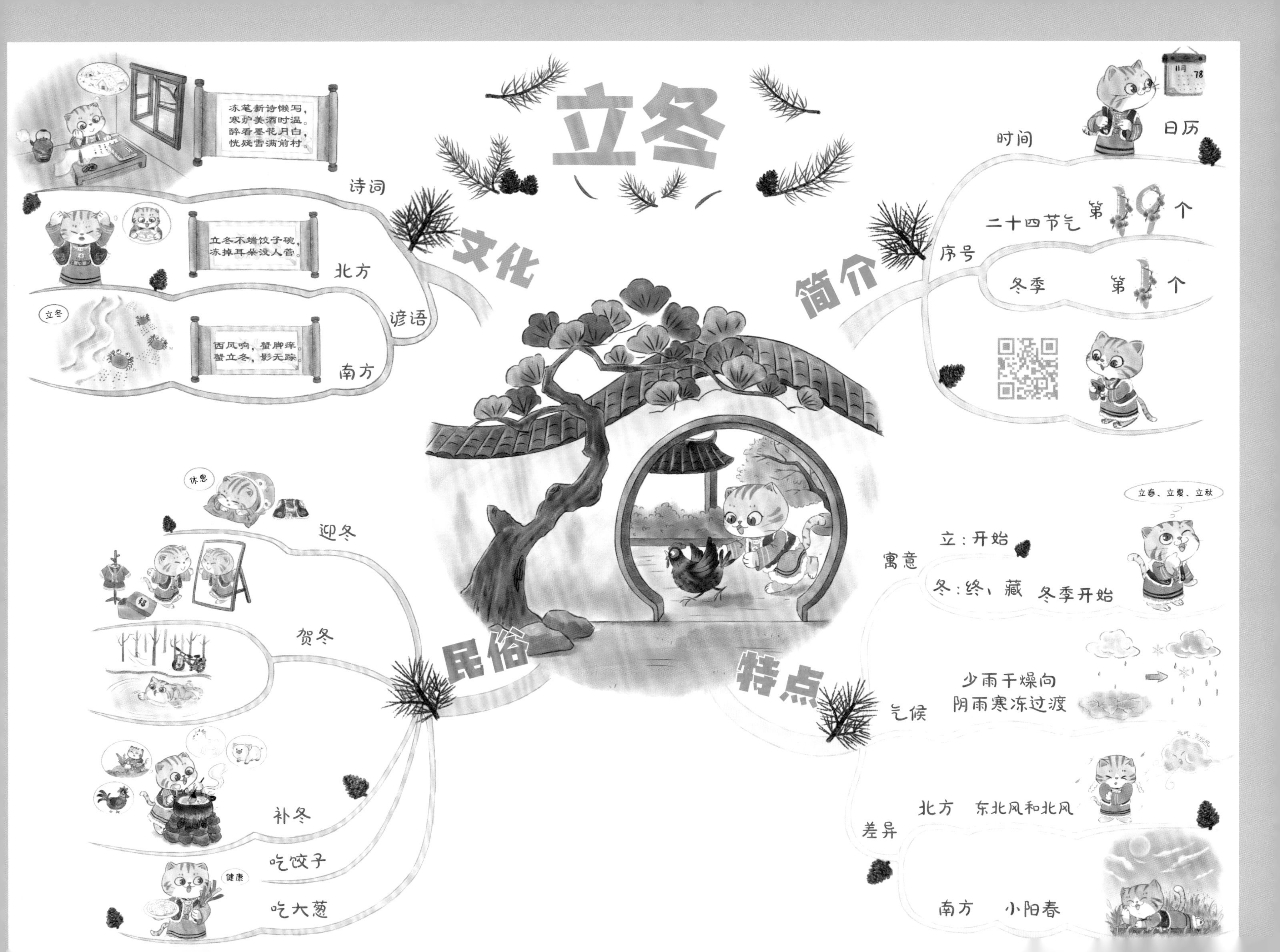

立冬
文化
诗词
冻笔新诗懒写，
寒炉美酒时温。
醉看墨花月白，
恍疑雪满前村。
北方
立冬不端饺子碗，
冻掉耳朵没人管。
谚语
立冬
西风响，蟹脚痒；
蟹立冬，影无踪。
南方
简介
时间
日历
序号
二十四节气 第19个
冬季 第1个
民俗
休息
迎冬
贺冬
补冬
吃饺子
健康
吃大葱
特点
立春、立夏、立秋
寓意
立：开始
冬：终、藏 冬季开始
气候
少雨干燥向
阴雨寒冻过渡
差异
北方 东北风和北风
南方 小阳春

小雪
文化
诗词
征西府里日西斜，
独试新炉自煮茶。
篱菊尽来低覆水，
塞鸿飞去远连霞。
谚语
小雪
大雪
小雪封地，
大雪封河。
瑞雪兆丰年，
霜重见晴天。
简介
时间
日历
二十四节气 第20个
序号
冬季 第2个
特点
寓意
小
雪：寒冷天气产物
寒潮和强冷空气
冷空气南下
气候
气温下降
降水量
差异
北方 初雪
南方
水→雪
民俗
吃糍粑
吃刨汤
晒鱼干
熏腊肉
腌咸菜

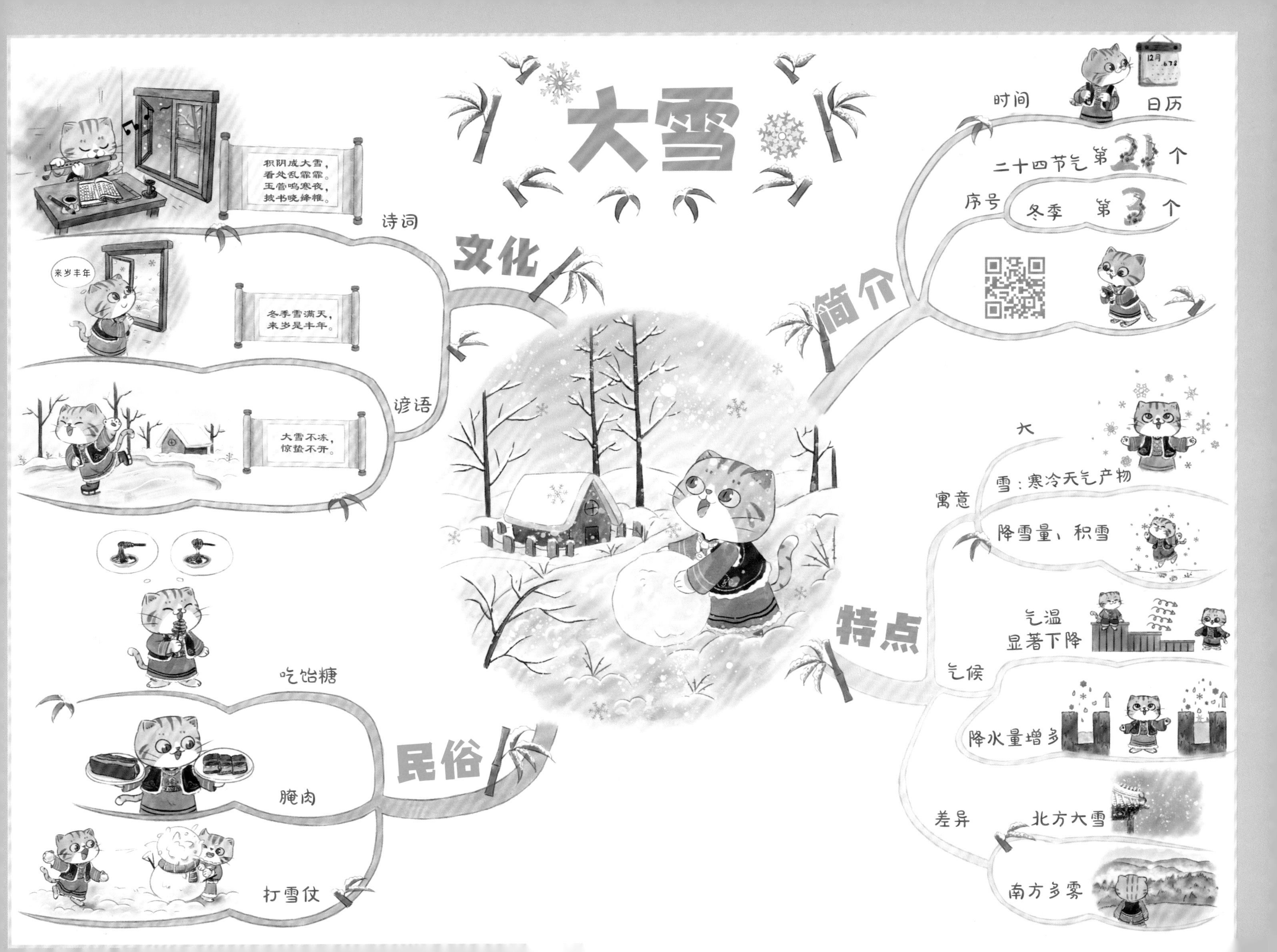
大雪
文化
诗词
积阴成大雪，
看处乱霏霏。
玉管鸣寒夜，
披书晓绛帷。
来岁丰年
冬季雪满天，
来岁是丰年。
谚语
大雪不冻，
惊蛰不开。
民俗
吃饴糖
腌肉
打雪仗
简介
时间
日历
12月
二十四节气 第21个
序号
冬季 第3个
特点
寓意
大
雪：寒冷天气产物
降雪量、积雪
气候
气温
显著下降
降水量增多
差异
北方大雪
南方多雾

冬至
简介
时间
日历
12月
序号
二十四节气 第22个
冬季 第4个
别称
冬节、日短至、亚岁
特点
寓意
名称
冬：冬季
至：到来
寒冷的冬天来临
节气
中国传统节日
夏至
气候
天寒地冻
昼短夜长
数九歌
一九二九不出手
三九四九冰上走
五九六九沿河看柳
七九河开，八九雁来。
九九加一九，耕牛遍地走。
文化
诗词
晓云舒瑞。寒影初回长日至。罗袜新成。更有何人继后尘。
谚语
不冷
不热
冬至不冷，夏至不热。
吃了冬至面，一天长一线。
12月
1月
民俗
习俗
祭祖
祭天
食俗
小麦
饺子
馄饨
冬至面
水稻
擂圆
番薯汤果
搓细
赤豆糯米饭
羊肉汤

小寒
简介
时间
日历
1月 5 6 7
序号
二十四节气 第23个
冬季 第5个
文化
诗词
众卉欣荣非及时，
漳州冷艳寄来贻。
小寒惟有梅花饺，
未见梢头春一枝。
谚语
小寒大寒，
冻成一团。
小寒大寒，
准备过年。
民俗
腊八节
腊八粥
腊八蒜
1. 醋、水、蒜
2. 蒜剥皮洗净
3. 加醋浸泡
4. 密封
5. 开封品尝
绿色
吃糯米饭（广州）
数九过寒冬
特点
寓意
小
寒：寒冷
开始进入一年中
最寒冷时期
气候
大风降温
雨雪
气温最低
差异
北方 小寒冷于大寒
南方 大寒冷于小寒
小寒
大寒
冷

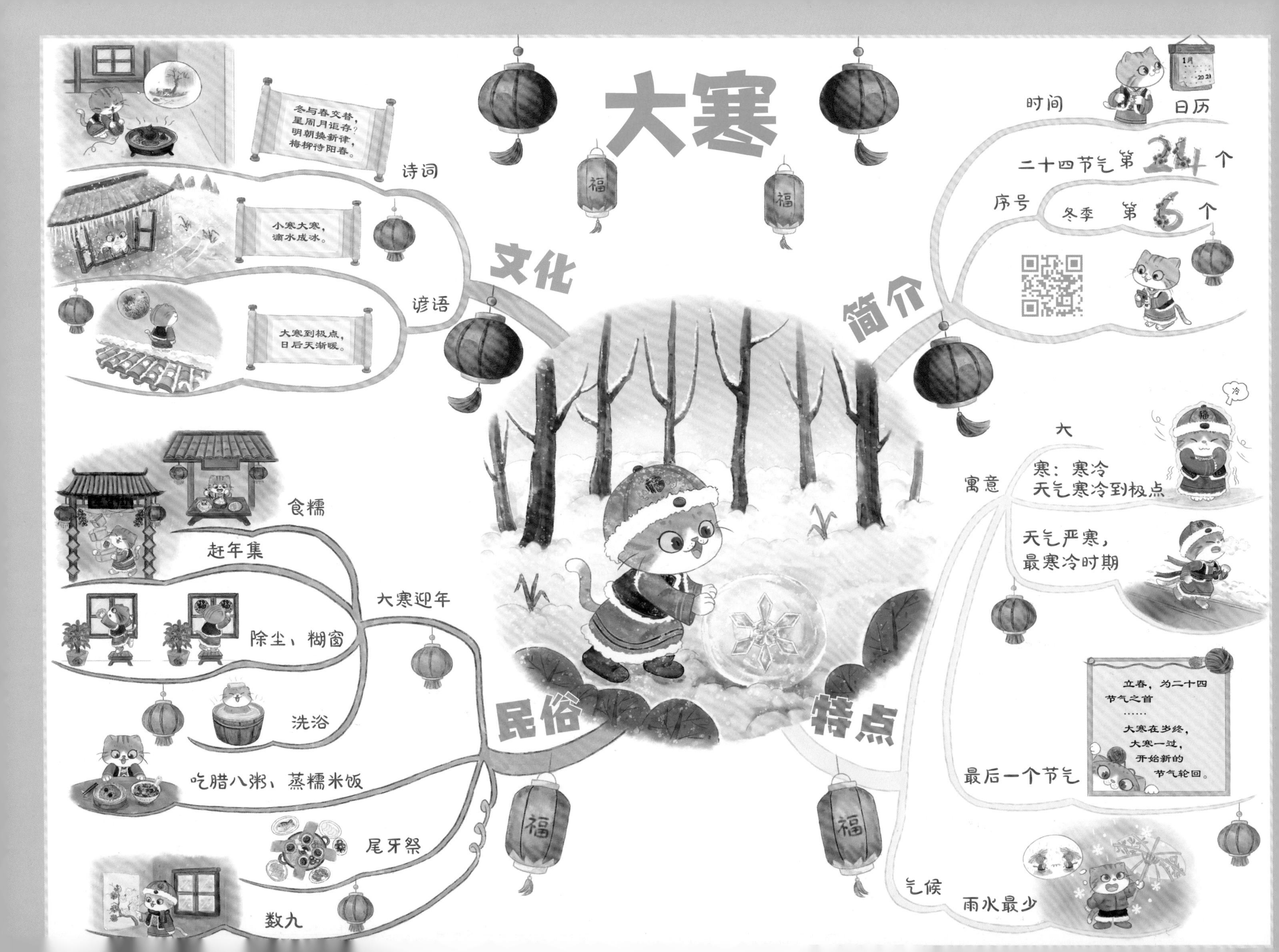
大寒
文化
诗词
冬与春交替，星周月讵存？明朝换新律，梅柳待阳春。
谚语
小寒大寒，滴水成冰。
大寒到极点，日后天渐暖。
简介
时间
日历
序号
二十四节气 第 24 个
冬季 第 6 个
民俗
大寒迎年
食糯
赶年集
除尘、糊窗
洗浴
吃腊八粥、蒸糯米饭
尾牙祭
数九
特点
寓意
大
寒：寒冷
天气寒冷到极点
天气严寒，
最寒冷时期
最后一个节气
立春，为二十四节气之首……大寒在岁终，大寒一过，开始新的节气轮回。
气候
雨水最少
福
冷

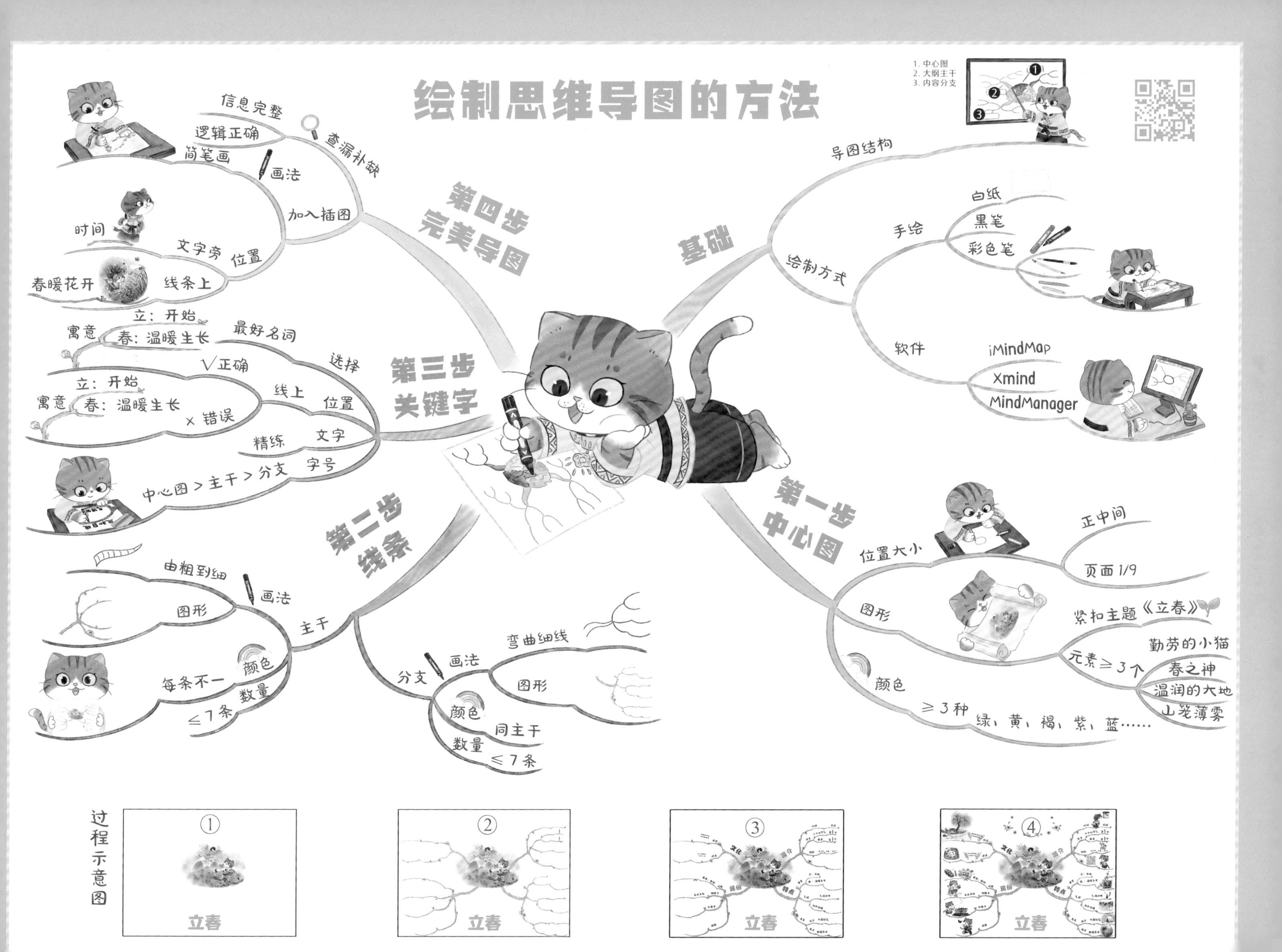

绘制思维导图的方法
1. 中心图
2. 大纲主干
3. 内容分支
基础
导图结构
绘制方式
手绘
白纸
黑笔
彩色笔
软件
iMindMap
Xmind
MindManager
第一步 中心图
位置大小
正中间
页面1/9
图形
紧扣主题《立春》
元素≥3个
勤劳的小猫
春之神
温润的大地
山笼薄雾
颜色
≥3种
绿、黄、褐、紫、蓝……
第二步 线条
主干
画法
由粗到细
图形
颜色
每条不一
数量
≤7条
分支
画法
弯曲细线
图形
颜色
同主干
数量
≤7条
第三步 关键字
选择
最好名词
寓意
立：开始
春：温暖生长
位置
线上
√正确
×错误
文字
精练
字号
中心图＞主干＞分支
第四步 完美导图
查漏补缺
信息完整
逻辑正确
加入插图
画法
简笔画
位置
文字旁
时间
线条上
春暖花开
过程示意图
①
立春
②
立春
③
立春
④
立春

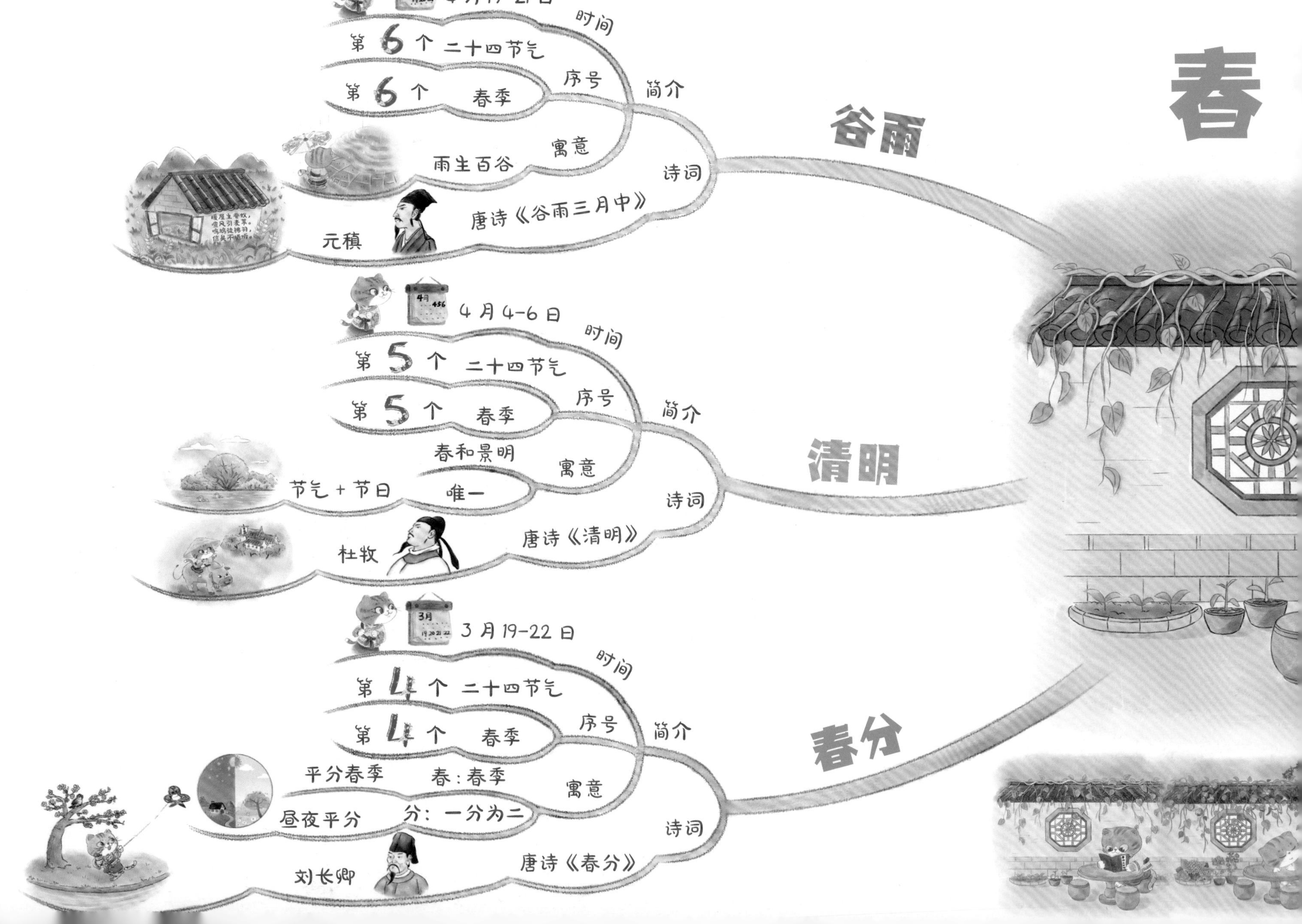
春
谷雨
简介
时间
4月19-21日
序号
第6个 二十四节气
第6个 春季
寓意
雨生百谷
诗词
唐诗《谷雨三月中》
元稹
清明
简介
时间
4月4-6日
序号
第5个 二十四节气
第5个 春季
寓意
春和景明
唯一
节气+节日
诗词
唐诗《清明》
杜牧
春分
简介
时间
3月19-22日
序号
第4个 二十四节气
第4个 春季
寓意
春：春季
平分春季
分：一分为二
昼夜平分
诗词
唐诗《春分》
刘长卿

立冬

- 时间：11月7-8日
- 简介
  - 序号
    - 二十四节气 第19个
    - 冬季 第1个（立春、立夏、立冬）
  - 寓意
    - 立：开始
    - 冬：终、藏 冬季开始
- 诗词

冻笔新诗懒写，
寒炉美酒时温。
醉看墨花月白，
恍疑雪满前村。

小雪

- 时间：11月22-23日
- 简介
  - 序号
    - 二十四节气 第20个
    - 冬季 第2个
  - 寓意
    - 小
    - 雪：寒冷天气产物
- 诗词

征西府里日西斜，
独试新炉自煮茶。
篱菊尽来低覆水，
塞鸿飞去远连霞。

大雪

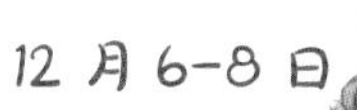

- 时间：12月6-8日
- 简介
  - 序号
    - 二十四节气 第21个
    - 冬季 第3个
  - 寓意
    - 大
    - 雪：寒冷天气产物
- 诗词

积阴成大雪，
看处乱霏霏。
玉管鸣寒夜，
披书晓绛帷。

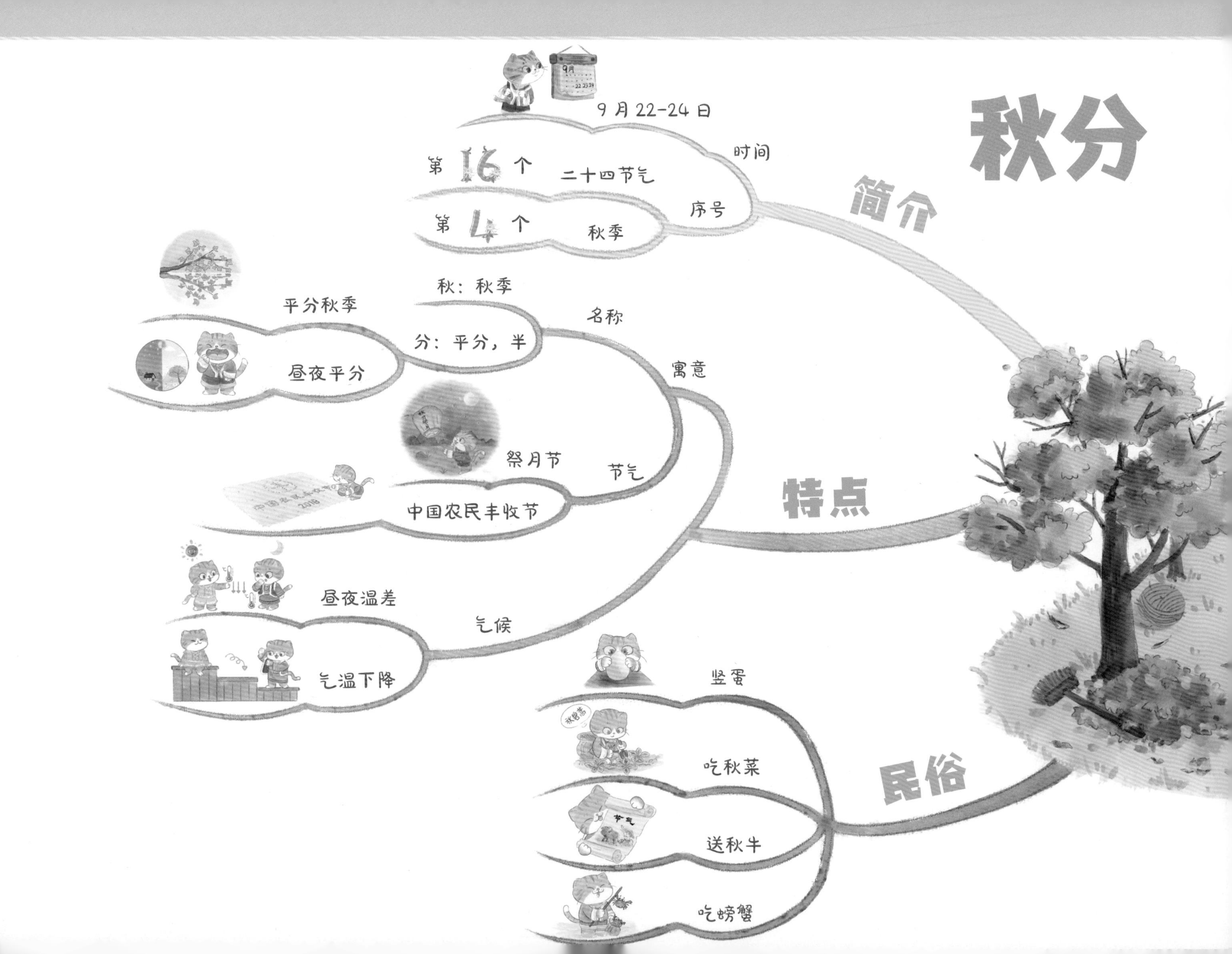
秋分
简介
9月22-24日
时间
第16个 二十四节气
第4个 秋季
序号
特点
名称
秋：秋季
分：平分，半
寓意
平分秋季
昼夜平分
节气
祭月节
中国农民丰收节
气候
昼夜温差
气温下降
民俗
竖蛋
吃秋菜
送秋牛
吃螃蟹

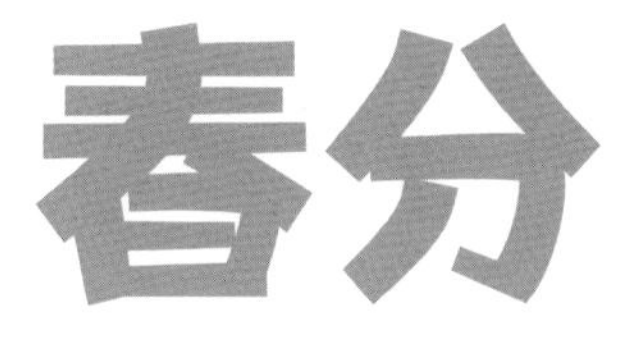

春分

简介

- 时间
  - 3 月 19–22 日
- 序号
  - 二十四节气 第 4 个
  - 春季 第 4 个

特点

- 寓意
  - 春：春季
  - 分：一分为二
    - 平分春季
    - 昼夜平分

- 气候
  - 春旱
  - 倒春寒

民俗

- 竖蛋
- 吃春菜
  - 莴笋

  - 香椿

- 送春牛
- 放风筝

冬至

简介

时间：12 月 21-23 日

序号：
- 二十四节气：第 22 个
- 冬季：第 4 个

特点

名称：
- 冬：冬季
- 至：到来

寓意：寒冷的冬天来临

节气：中国传统节日

气候：
- 天寒地冻
- 昼短夜长

民俗

冬至饺子

进补

文化

数九歌：
- 一九二九不出手
- 三九四九冰上走
- 五九六九沿河看柳
- 七九河开，八九雁来。
- 九九加一九，耕牛遍地走。

简介

- 时间
  - 6月21-22日

- 序号
  - 二十四节气 第10个
  - 夏季 第4个

特点

- 寓意
  - 夏：夏季
  - 至：极 炎热的夏季来临

- 气候
  - 气温继续升高
  - 暴雨雷阵雨
  - 湿度大，梅雨天气

民俗

- 夏至面
- 消暑

文化

- 夏至九九歌
  - 夏至入头九，羽扇握在手。
  - 二九一十八，脱冠着罗纱。
  - 三九二十七，出门汗欲滴。
  - 四九三十六，卷席露天宿。
  - 五九四十五，炎秋似老虎。
  - 六九五十四，乘凉进庙祠。
  - 七九六十三，床头摸被单。
  - 八九七十二，子夜寻棉被。
  - 九九八十一，开柜拿棉衣。

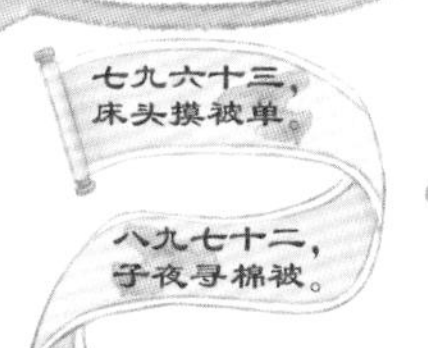

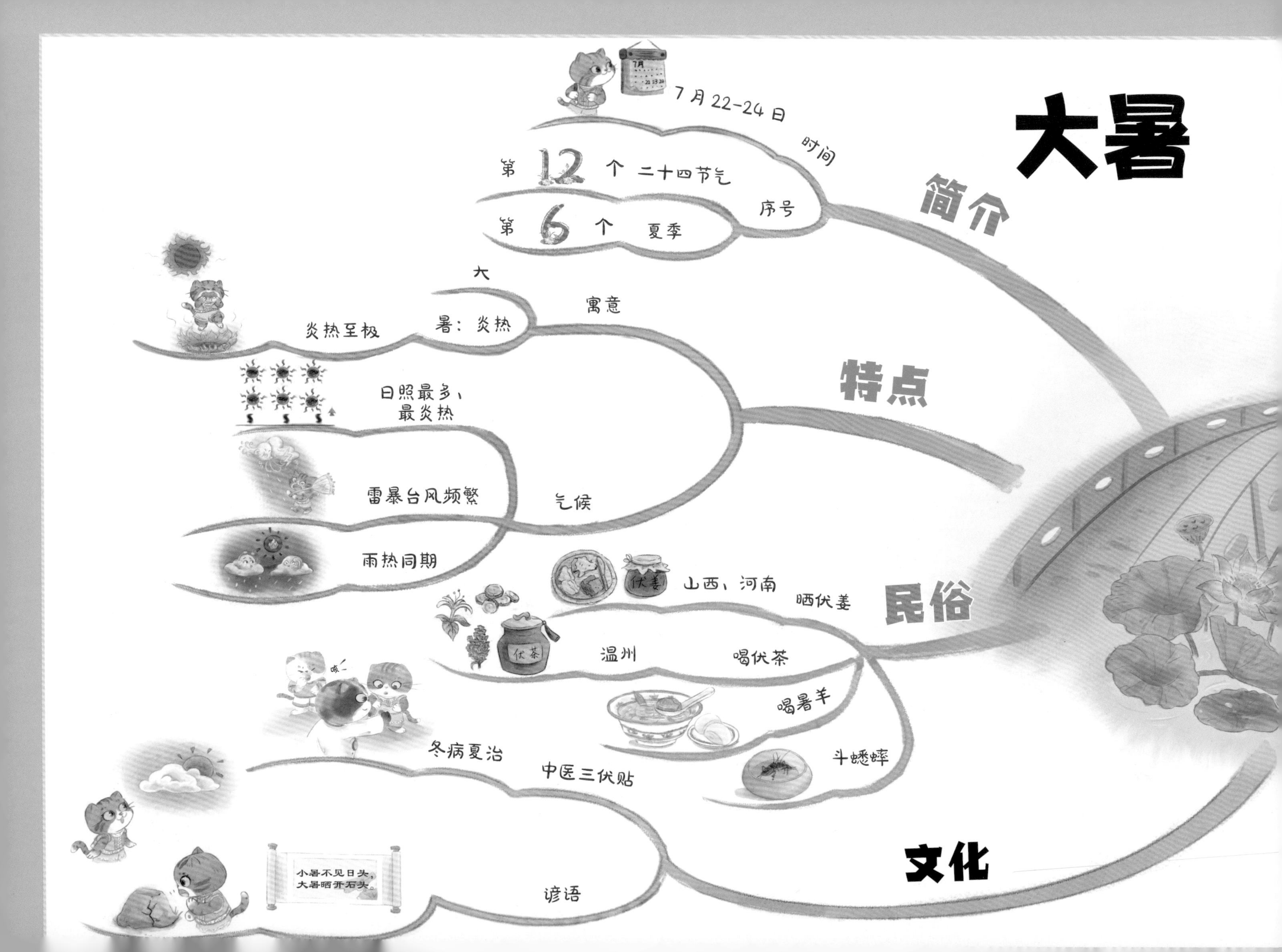
大暑
简介
7月22-24日
时间
第12个二十四节气
序号
第6个夏季
特点
大
寓意
暑：炎热
炎热至极
日照最多、
最炎热
气候
雷暴台风频繁
雨热同期
民俗
山西、河南
晒伏姜
伏姜
温州
喝伏茶
伏茶
喝暑羊
斗蟋蟀
文化
冬病夏治
中医三伏贴
谚语
小暑不见日头，
大暑晒开石头。

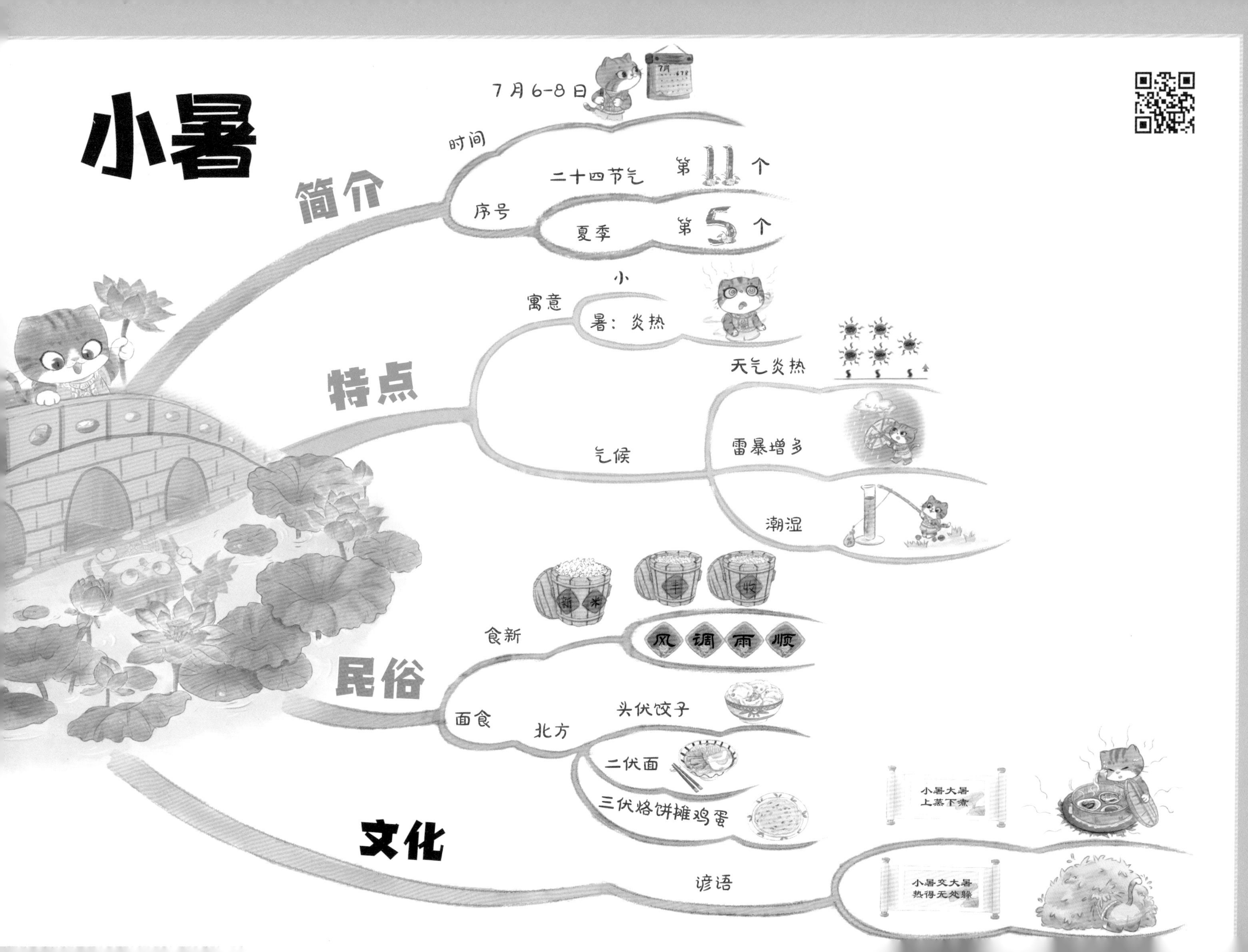
小暑
简介
时间
7月6-8日
序号
二十四节气
第11个
夏季
第5个
特点
寓意
小
暑：炎热
气候
天气炎热
雷暴增多
潮湿
民俗
食新
新米
丰收
风调雨顺
面食
北方
头伏饺子
二伏面
三伏烙饼摊鸡蛋
文化
谚语
小暑大暑
上蒸下煮
小暑交大暑
热得无处躲

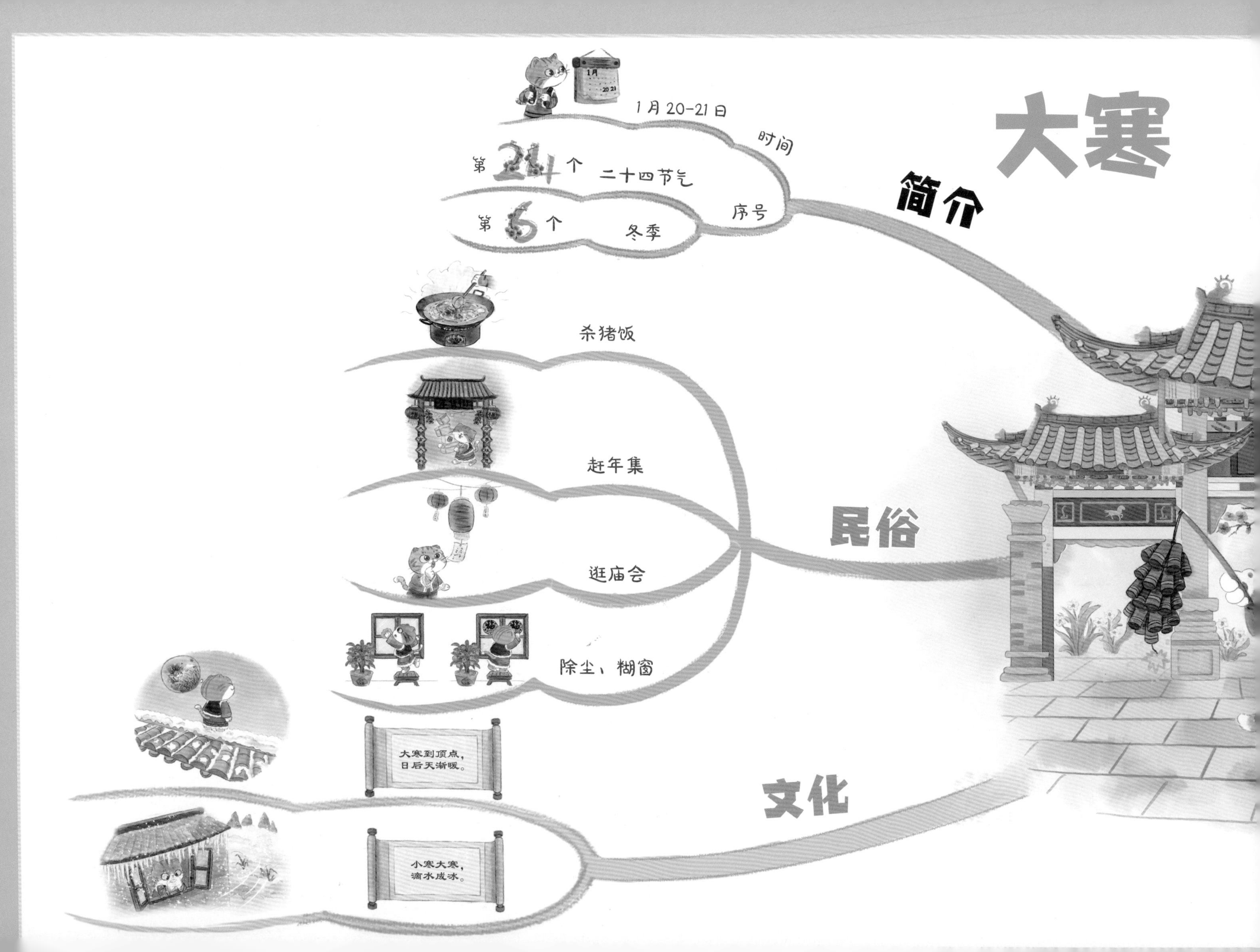
大寒
简介
1月20-21日
时间
第24个 二十四节气
第6个 冬季
序号
民俗
杀猪饭
赶年集
逛庙会
除尘、糊窗
文化
大寒到顶点，
日后天渐暖。
小寒大寒，
滴水成冰。

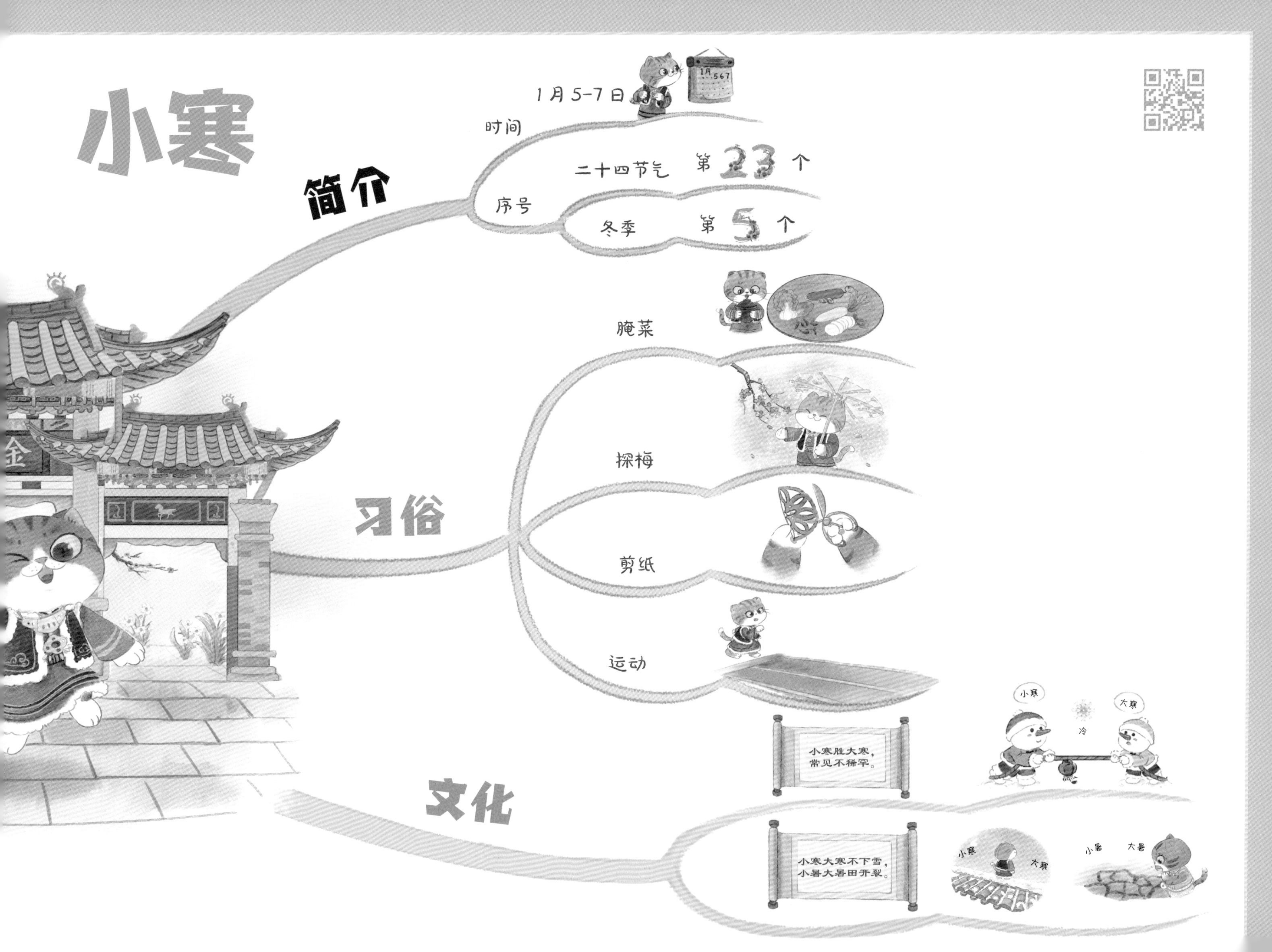

小寒
简介
时间
1月5-7日
1月 567
序号
二十四节气 第23个
冬季 第5个
习俗
腌菜
探梅
剪纸
运动
文化
小寒
大寒
冷
小寒胜大寒，
常见不稀罕。
小寒大寒不下雪，
小暑大暑田开裂。
小寒
大寒
小暑
大暑

节气
冬
秋

四季
春
夏
伏姜

雀灵

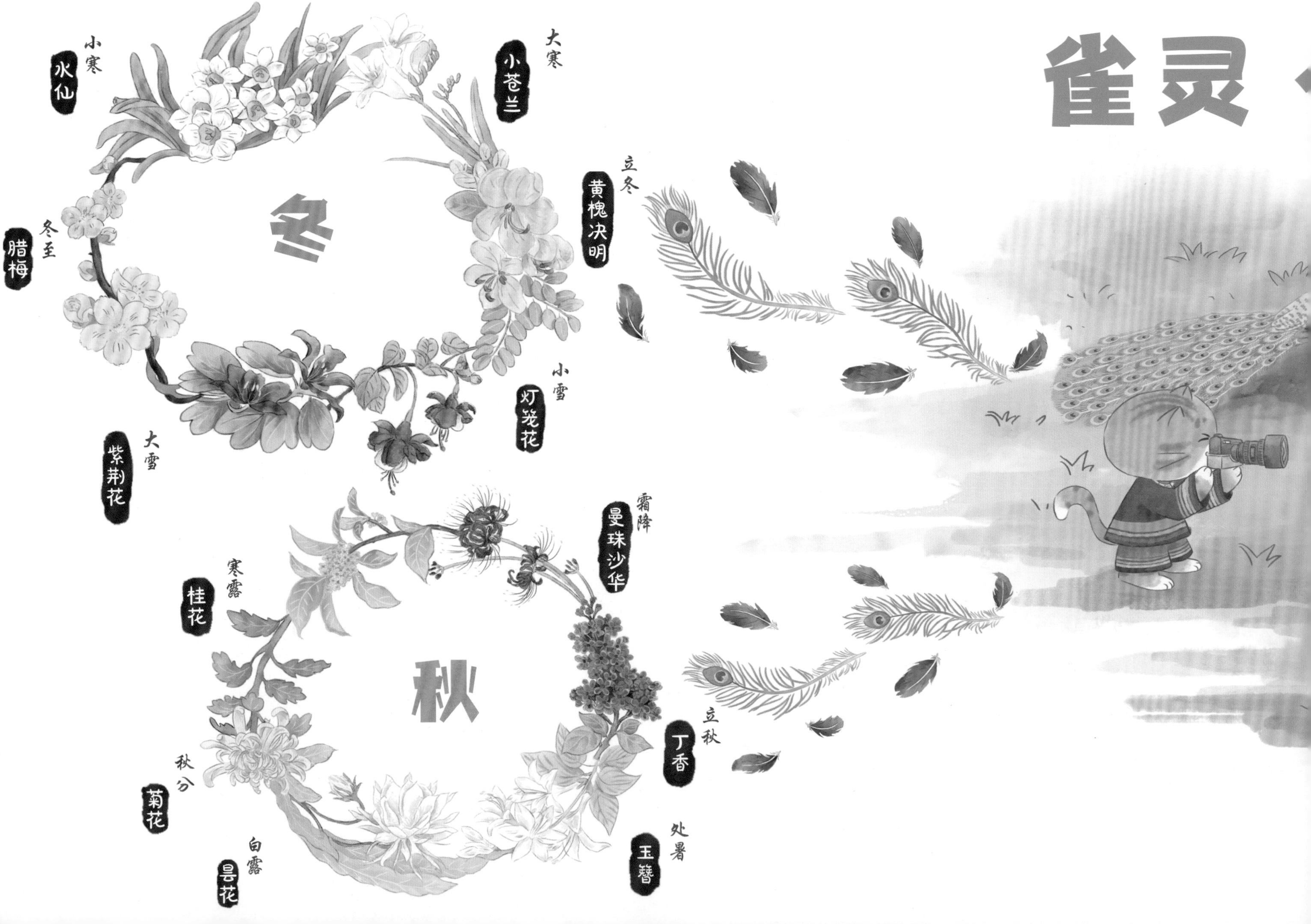

冬

小寒
水仙

大寒
小苍兰

立冬
黄槐决明

冬至
腊梅

小雪
灯笼花

大雪
紫荆花

秋

霜降
曼珠沙华

寒露
桂花

立秋
丁香

秋分
菊花

处暑
玉簪

白露
昙花

花美

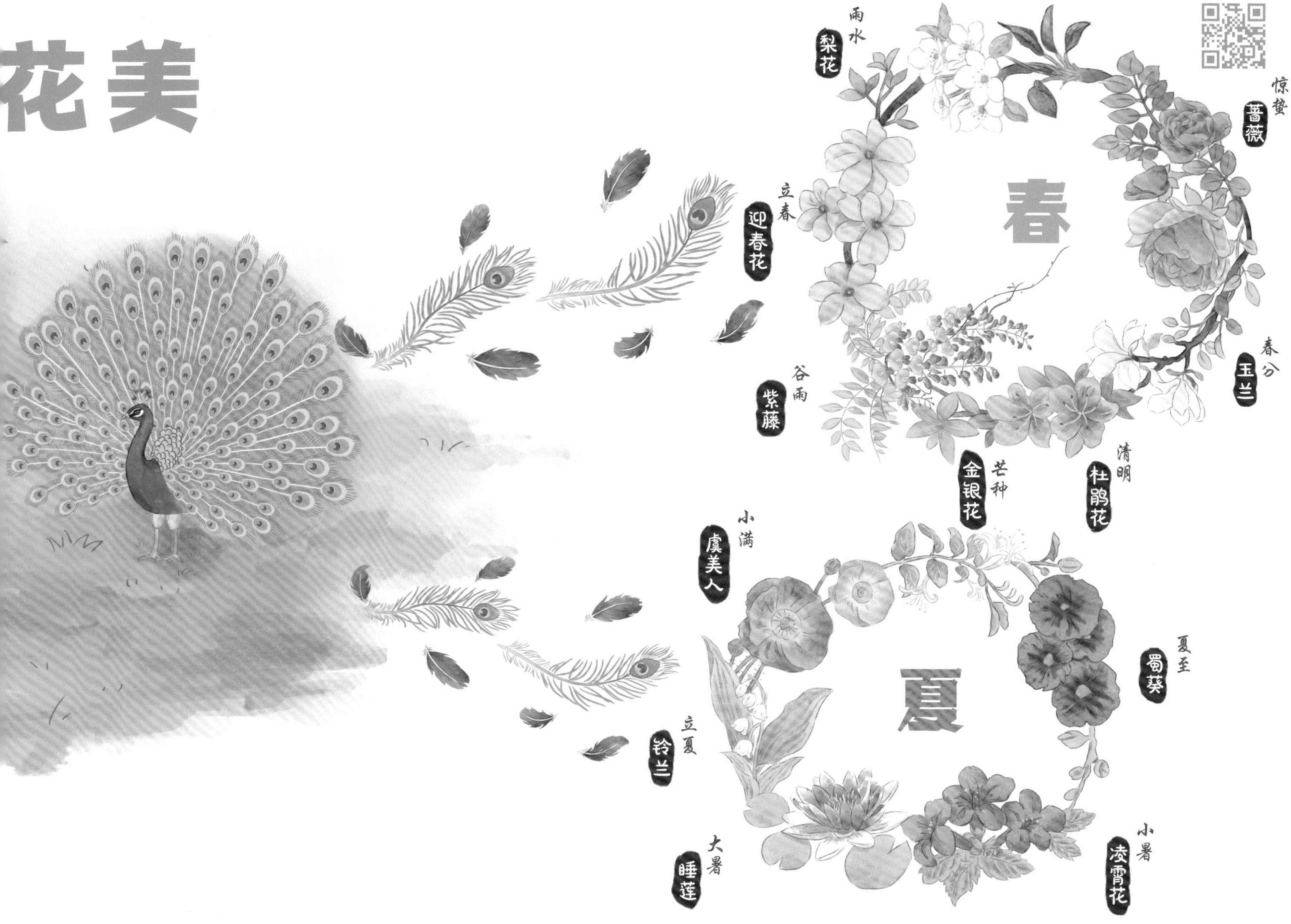

春

雨水 梨花

惊蛰 蔷薇

立春 迎春花

春分 玉兰

谷雨 紫藤

清明 杜鹃花

芒种 金银花

夏

小满 虞美人

夏至 蜀葵

立夏 铃兰

大暑 睡莲

小暑 凌霄花

黑龍潭
冬至
腊梅
大雪
仙客来
小寒
水仙
山茶花
立冬
君子兰
小雪
灯笼花
秋分
菊花
白露
昙花
霜降
曼珠沙华
寒露
桂花
立春
迎春花
雨水
梨花
惊蛰
桃花

春城飞花

小暑
蝴蝶兰

夏至
玫瑰

芒种
金银花

处暑
向日葵

金色螳川

立秋
丁香花

翠湖春晓

大暑
荷花

小满
紫罗兰

春分
玉兰

龍門

清明
杜鹃花

谷雨
紫藤

立夏
石榴花

小寒
龙井虾仁
大寒
腊八粥
冬
冬至
通草鲫鱼汤
立冬
罐罐肉
小雪
滋补羊肉汤
大雪
金银骨汤
节气
霜降
朱砂豆腐
寒露
沪上红烧肉
秋
立秋
黑木耳猪脚美颜汤
秋分
南瓜糯米粥
处暑
嫩姜爆鸭片
白露
一品秋蟹

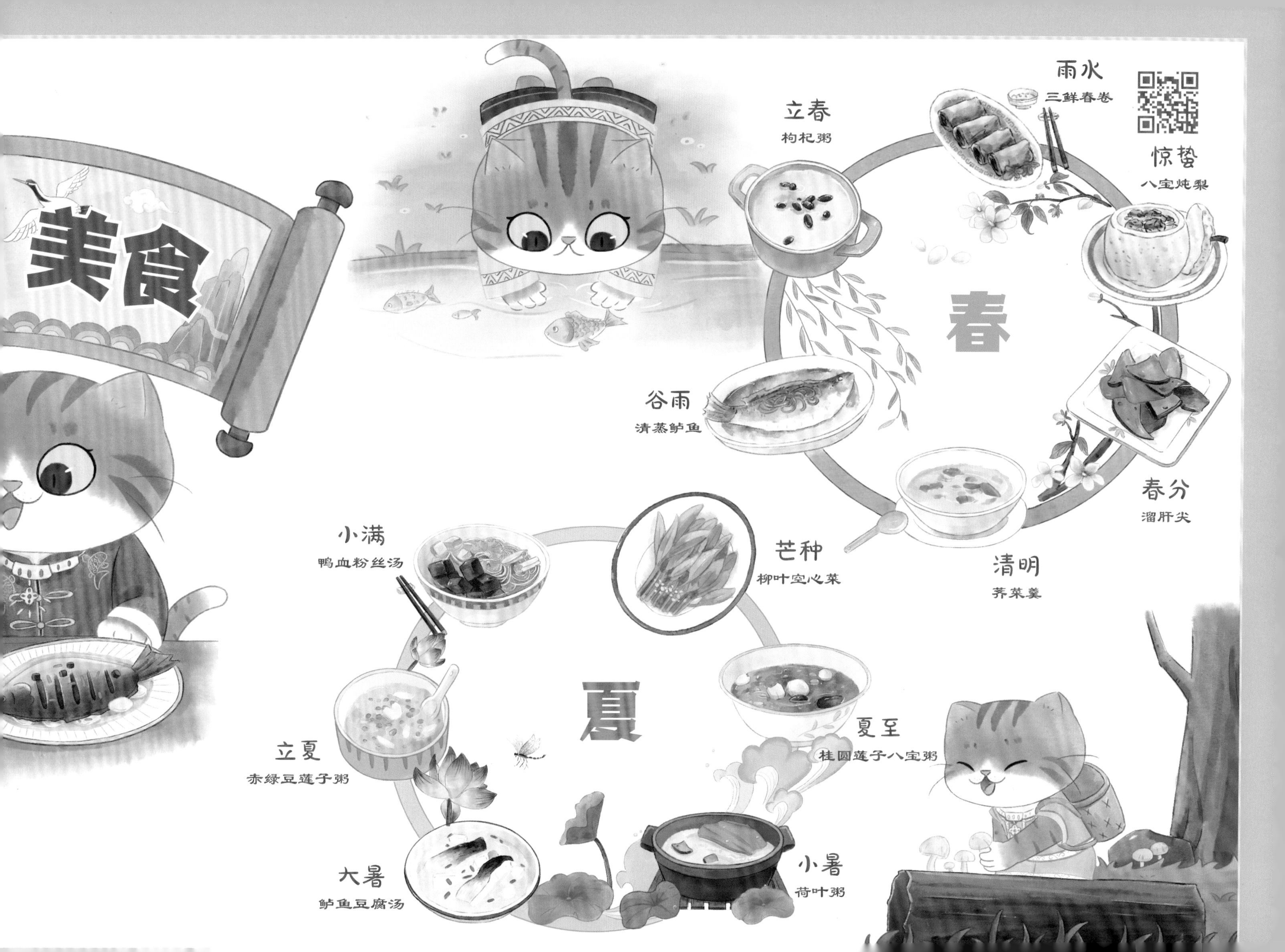
美食
立春
枸杞粥
雨水
三鲜春卷
惊蛰
八宝炖梨
春
春分
溜肝尖
清明
荠菜羹
谷雨
清蒸鲈鱼
小满
鸭血粉丝汤
芒种
柳叶空心菜
夏
夏至
桂圆莲子八宝粥
立夏
赤绿豆莲子粥
小暑
荷叶粥
大暑
鲈鱼豆腐汤

节气
冬藏
秋收

童趣
春种
夏忙

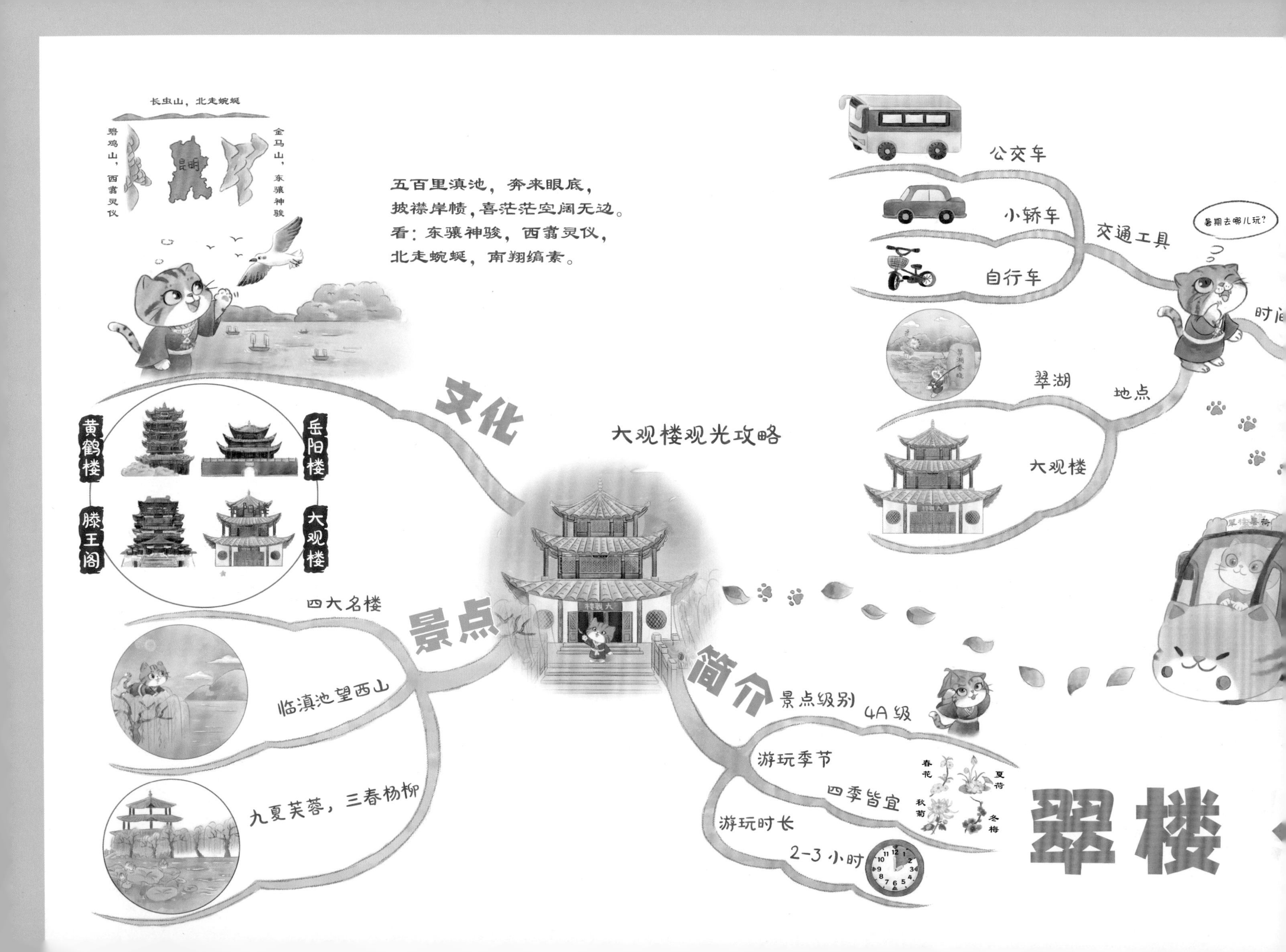
长虫山，北走蜿蜒
碧鸡山，西翥灵仪
昆明
金马山，东骧神骏
五百里滇池，奔来眼底，
披襟岸帻，喜茫茫空阔无边。
看：东骧神骏，西翥灵仪，
北走蜿蜒，南翔缟素。
文化
黄鹤楼
岳阳楼
滕王阁
大观楼
四大名楼
景点
临滇池望西山
九夏芙蓉，三春杨柳
大观楼观光攻略
简介
景点级别
4A 级
游玩季节
四季皆宜
春花
夏荷
秋菊
冬梅
游玩时长
2-3 小时
公交车
小轿车
自行车
交通工具
暑期去哪儿玩？
翠湖
地点
大观楼
时间
翠楼

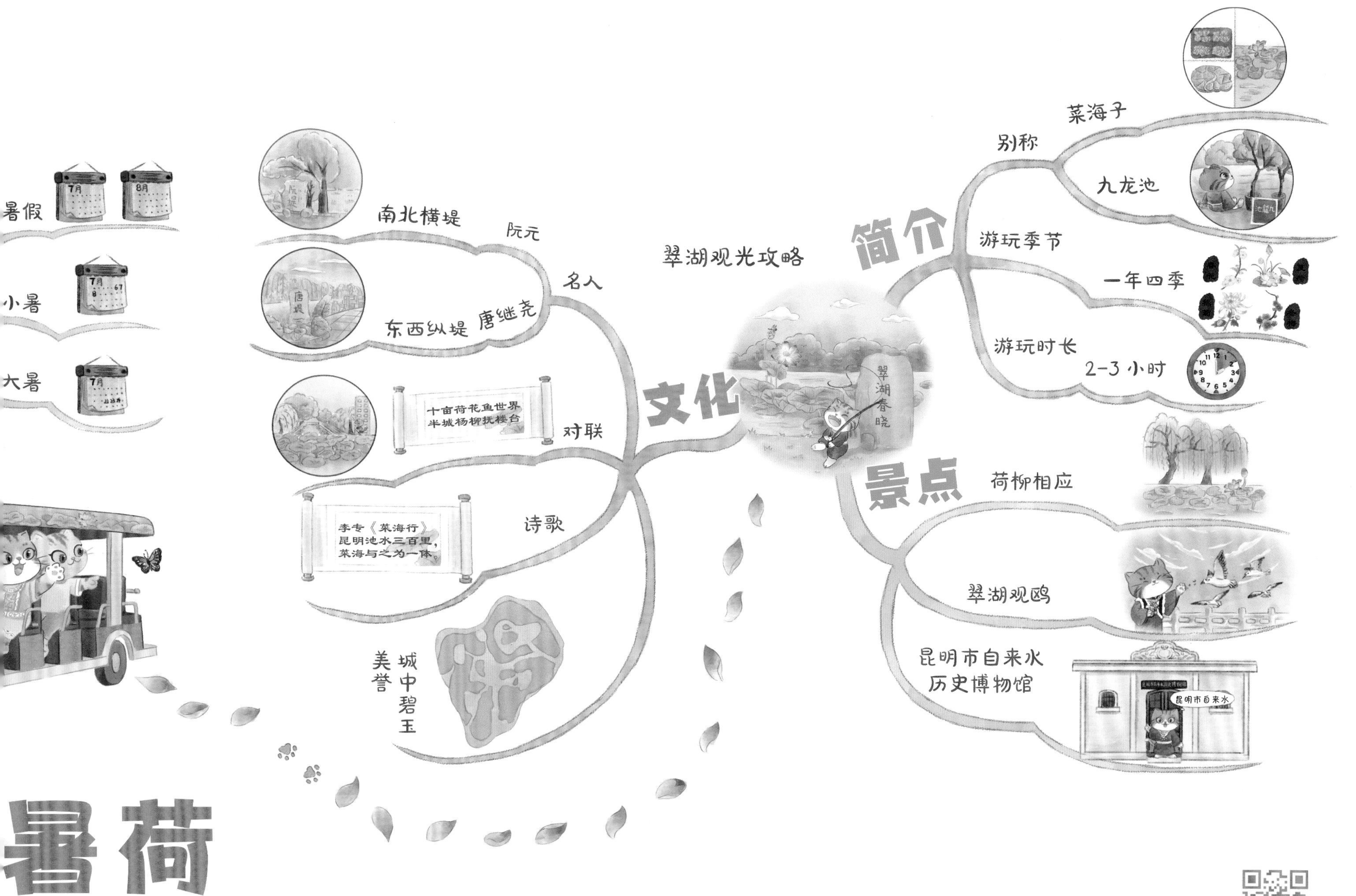

暑假
7月
8月
小暑
大暑
南北横堤
阮元
名人
东西纵堤
唐继尧
十亩荷花鱼世界
半城杨柳拂楼台
对联
李专《菜海行》
昆明池水三百里，
菜海与之为一体。
诗歌
美誉
城中碧玉
文化
翠湖观光攻略
翠湖春晓
简介
别称
菜海子
九龙池
游玩季节
一年四季
游玩时长
2-3小时
景点
荷柳相应
翠湖观鸥
昆明市自来水
历史博物馆
昆明市自来水
暑荷

秋分习俗
做不倒翁
秋竖蛋
一头大，一头小
画蛋
找到大头
竖蛋
秋分到蛋儿俏
野苋菜烙饼
吃秋菜
素炒野苋菜
制秋汤
家宅安宁
身壮力健
吉祥
秋耕
送秋牛
二十四节气
立春 雨水 惊蛰
春分 清明 谷雨
立夏 小满 芒种
夏至 小暑 大暑
立秋 处暑 白露
秋分 寒露 霜降
立冬 小雪 大雪
冬至 小寒 大寒
印节气
印图样
祭月赏月
秋祭月
嫦娥奔月
制作月饼
猜灯谜

霜降
习俗
谚语
霜降不摘柿 硬柿变软柿
白露打核桃 霜降摘柿子
霜降摘柿子
立冬打软枣
霜降吃柿子 不会流鼻涕
生长
开花
发芽
结果
成熟
吃柿子
事事如意
寓意
长命百岁，五世同堂
事事如意
喜事多多
事事平安、世世平安
品柿
柿饼
鲜柿
柿子茶
柿子醋

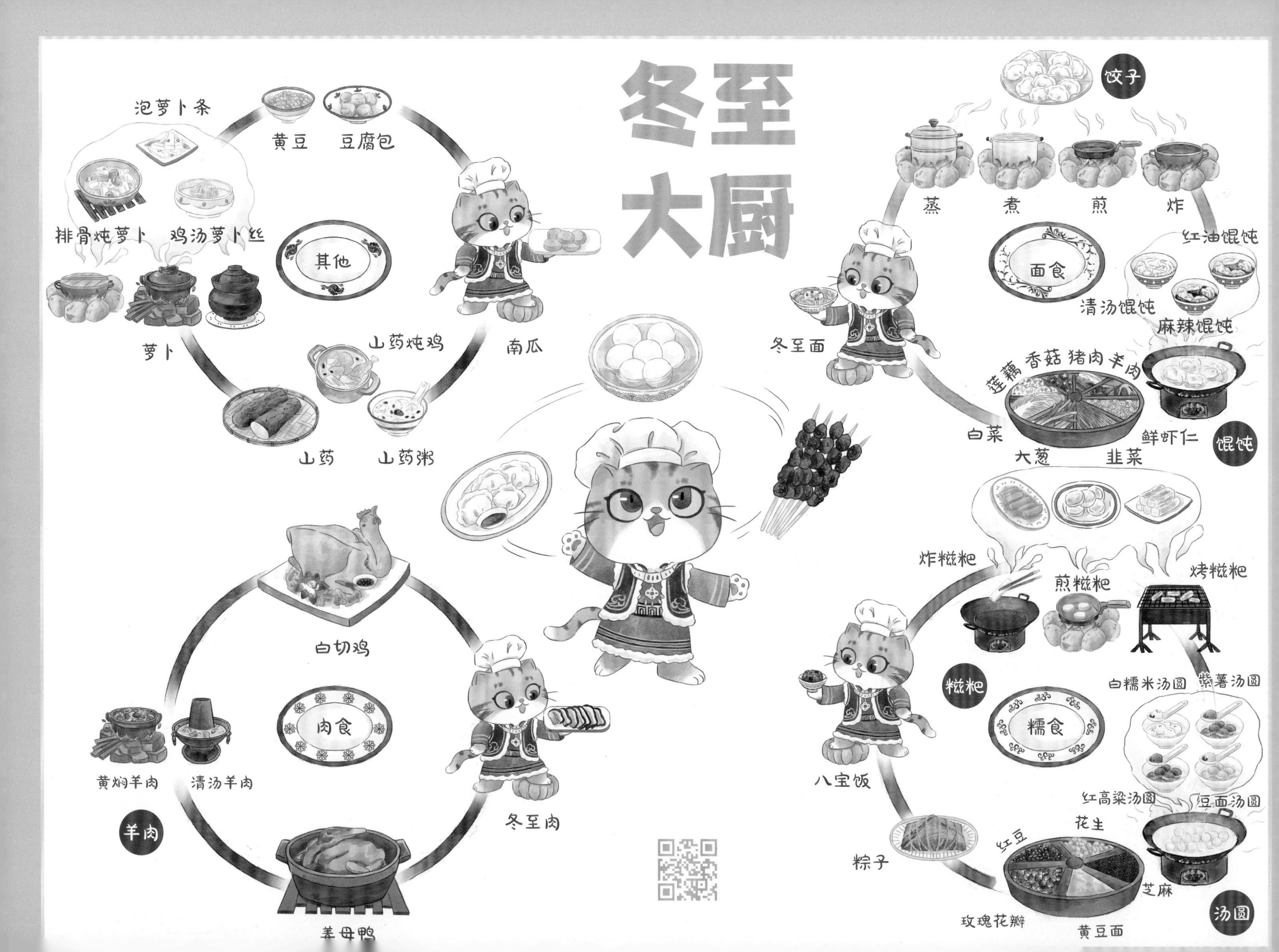

冬至
大厨
饺子
蒸
煮
煎
炸
泡萝卜条
黄豆
豆腐包
排骨炖萝卜
鸡汤萝卜丝
其他
萝卜
山药炖鸡
南瓜
山药
山药粥
面食
红油馄饨
清汤馄饨
麻辣馄饨
冬至面
莲藕
香菇
猪肉
羊肉
白菜
大葱
韭菜
鲜虾仁
馄饨
炸糍粑
煎糍粑
烤糍粑
糍粑
白切鸡
肉食
黄焖羊肉
清汤羊肉
羊肉
冬至肉
羊母鸭
糯食
白糯米汤圆
紫薯汤圆
八宝饭
红高粱汤圆
豆面汤圆
花生
红豆
粽子
芝麻
玫瑰花瓣
黄豆面
汤圆

大雪时节的颜料盘
——昆明
云南大学
云南大学
金·热烈
呈贡春融公园
粉·浪漫
红塔西路
圆通花潮
蓝·惬意
西山
滇池
1985年11月
第一次
每年11月至次年3月
每年相约
结缘
猫鸥情深
白·纯净
海埂大坝
地点
大观公园

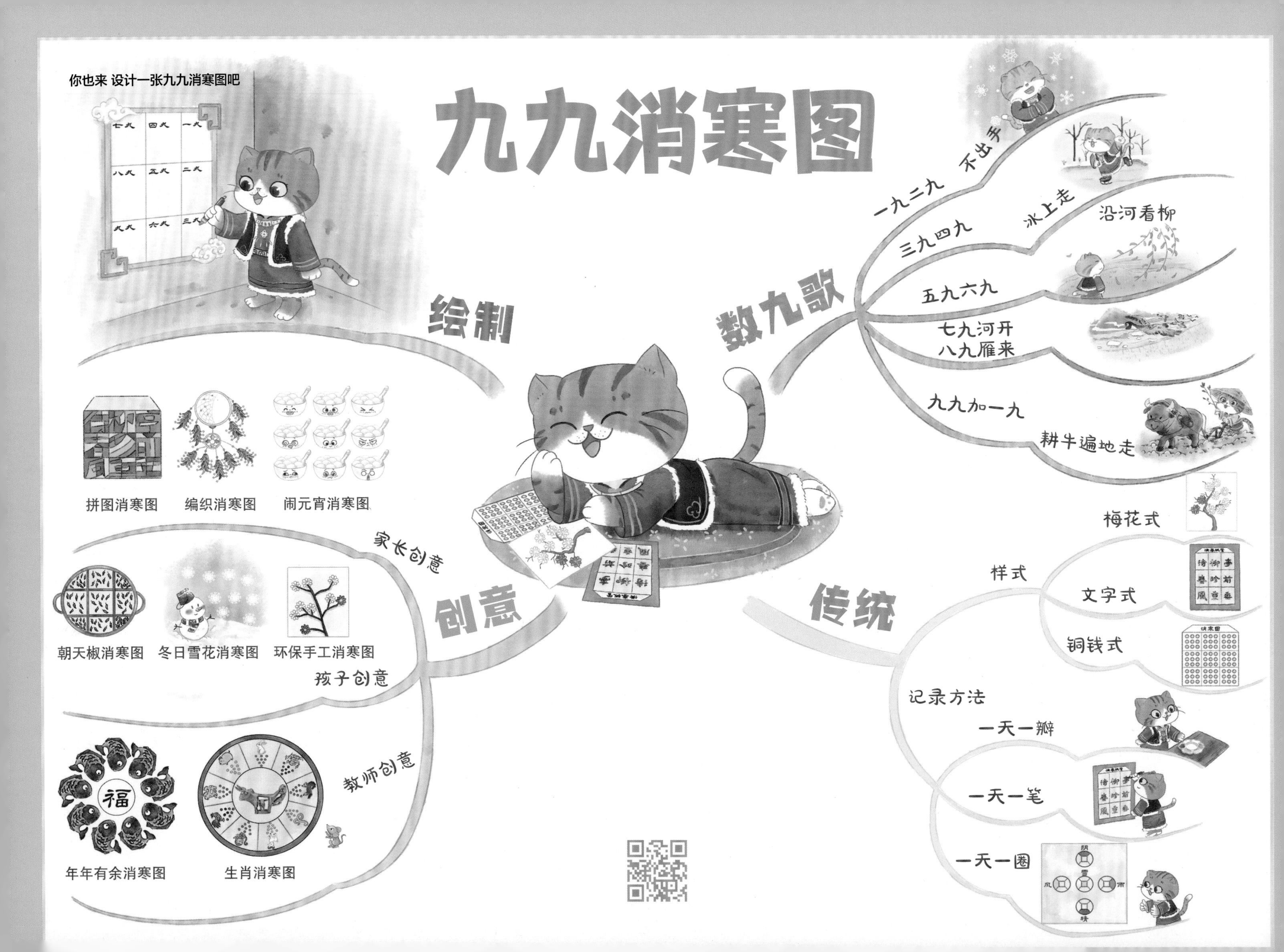
你也来 设计一张九九消寒图吧
九九消寒图
绘制
拼图消寒图
编织消寒图
闹元宵消寒图
创意
家长创意
朝天椒消寒图
冬日雪花消寒图
环保手工消寒图
孩子创意
教师创意
年年有余消寒图
生肖消寒图
福
数九歌
一九二九 不出手
三九四九 冰上走
五九六九 沿河看柳
七九河开
八九雁来
九九加一九
耕牛遍地走
传统
样式
梅花式
文字式
铜钱式
记录方法
一天一瓣
一天一笔
一天一圈
阴
风
雨
晴